汪祎 / 之南 著

修图师的自我修养
商业人像摄影后期高级处理技法

人民邮电出版社
北京

序

这本书的内容，远超传统意义上摄影后期处理"工具书"的范畴，其所涵盖的专业知识全面且细致入微。尤为难得的是，本书能站在时代审美的高度，为读者展现商业人像摄影后期操作中修图师的探索与磨练。

中国的时尚商业摄影萌芽于20世纪90年代初期。随着经济的发展，摄影技术得到了极大的提升，逐步迎来了时尚摄影发展的黄金时期，涌现了大量优秀的商业作品。出于对行业的热爱，我于2006年从英国留学回国后，创立了ZackImage摄影机构。这是国内最早创办的专业时尚商业摄影公司。多年来，中国的时尚摄影行业发展迅速，我和我的团队创作了许多经典的摄影作品，也培育了一批又一批的专业摄影人才。本书的作者汪祎，就是我们ZackImage的首位后期总监。

摄影是对瞬间的记录，优秀的摄影作品则会被定义为经典，在未来会被更多的摄影师模仿和传承，使其在具有瞬间性的同时，也打破了时间的局限性，成为永恒之作。因此，追求作品的永恒性便成为每一位摄影师创新进步的原动力，激励他们采用各种力所能及的拍摄方法，来赋予艺术作品时代内涵和寓意。

我从事摄影十余年，非常明白一张深入人心的摄影作品，除了前期的拍摄外，后期处理也至关重要。不管是对作品永恒性的追求，还是摄影风格的呈现，后期处理都是作品创作流程中不可或缺的一个环节。除此之外，每个时期流行的风格趋势也随着时代的变迁而变化，每个时期的修图风格都是这一时期整体审美的折射。因此，一位经验丰富、审美意识前卫的修图师在这个时代就变得炙手可热。

在当今的时代，图像后期处理已经成为一项极为重要的技能。生活中随处可见的广告牌、地铁站、公交站的灯箱广告，甚至你在电脑上打开的每一个网页，都有经过Photoshop处理后的作品。Photoshop作为最基本的图像处理软件，在广告摄影、平面设计、网页制作等众多领域都被广泛应用。

目前在国内，缺乏一本真正的关于专业时尚商业摄影后期的教学图书，而这本书的出版正好填补了这一领域的空白，我认为这是意义非凡的。本书的作者不仅仅是一位Photoshop高手，更是一位资深的时尚商业摄影从业者。他凭借丰富的从业经验，以真诚的文字，毫无保留地分享了商业人像摄影后期的技术与艺术。更难得的是，本书还在时尚审美方面具有独到的见解。我相信，本书对于想投身这一行业的人会非常有帮助，因为它不仅仅是一本关于图像后期处理的技术教程，更是一位修图师全方位自我修炼的必备宝典。

ZACK 张恺

2017年12月

前言

自2008年入行以来，我从事时尚摄影图片后期处理工作已有10年之久。这期间，我有幸见证了中国时尚摄影发展的黄金时代。2009年，机缘巧合，我有幸成为时尚摄影师张悦ZackImage工作室的第一名正式的修图师。后来，工作室逐步发展成为一个后期团队。在Zack的带领下，在这样一个国内顶尖的摄影工作室中，我得以飞速成长。

特别要提到的是，本书的出版得到了Zack的鼎力支持。在这里，我要感谢Zack的大力支持，感谢他为本书作序，也感谢那些曾经和我并肩奋斗的ZackImage的兄弟姐妹们。同时，还要感谢本书的封面模特刘雯；感谢杨毅、刘俊、KO、孙薇薇、石伟伟、赵乐樵、黎嘉耀、三市井、黎怀楠、王亮等摄影师和机构；感谢黄晓萌、Aiden Shaw、李琼、高雨璇等众多模特；感谢所有参与图片拍摄的幕后工作者；感谢与我合作本书的作者之南、插画师俞渔，感谢你们的支持和付出！

工作期间，因为有机会直接与摄影师、客户对接，所以我更了解商业人像照片后期处理的需求和当下的流行趋势。加上不断地摸索尝试、不断地学习总结，我积累了大量的商业人像照片后期处理的经验，逐渐成为一名独立、成熟的修图师。

2012年秋，怀揣着对电影的热爱之情，我决定去北京电影学院深造，以实现自己的梦想。为了支付高昂的学费，我在朋友的建议下，开始面授商业摄影后期处理技法，以梦换梦，也让知识得以传承。以后的几年时间里，我陆陆续续带了很多批学生。随着自己作品的不断更新，我的后期处理课程也在不断完善，时至今日，终于形成了一套独立、专业、系统的教学体系。

在本书中，我将多年来的工作及教学经验加以梳理总结，配合真实案例，以图文结合的形式，与大家分享。比如，杂志及广告大片是如何由原片到成片的，其中涉及哪些理论知识及方法技巧。希望每一位摄影后期爱好者都能从中得到收获。同时，将此书献给广大的职业摄影修图师，希望它在提高行业整体水平及修图师的地位等方面起到积极作用，希望每一位图片工作者都能够得到应有的认可及尊重。

在正式讲解之前，我们先来探讨几个基本的问题，好让大家对商业人像摄影的后期处理有一个大致的理解和认识。

一、如何才能成为一名优秀的修图师？

很多人在刚接触摄影后期处理时都不知道该如何下手——该修哪里？修到什么程度？其实，之所以有这样的疑问，是因为你看得不够多。建议大家平时多看好的作品，先学会解析照片——这张照片为什么好？好在哪里？当你总结、积累了大量的图片分析经验时，你对照片的理解就会上升到一个新的层次。当你再次拿到一张照片的时候，心中自然会有大致的方向。先去了解一张照片表达的是什么、气质是怎样的，然后利用各种方法和技巧，通过自己的审美观去完善想法和创意，让画面变得更美。也就是说，我们所做的一切都是为主题服务的，最适合的才是最好的。

其次，后期处理要有度，不要掩盖摄影本身想要表达的情感和主体。画面中美的地方我们要保留或适当强化，而对于不够美的地方，我们则可以适当弱化和修饰。人像摄影的主体是人，即便是要把这个人修得更美，我们也不能修掉这个人本身的特点，从而失去这个人的神韵。

此外，在学习的过程中，你需要不断地尝试和探索。有想法的时候，你可以尝试用不同的方法去实现它，然后总结经验，找到最合适的方法。当下一次出现类似的状况时，你就可以完全驾驭它。当然，这需要你对修图软件的功能熟练掌握。

二、人像摄影后期处理的基本流程是什么？

每一位成熟的修图师都有一套自己的工作流程。在正式讲解之前，我先来介绍一下我的工作流程。

1. 沟通和分析。首先，当我拿到一组图片时，我会在正式开始修图前与摄影师或客户沟通，以便了解本组图片的主题、拍摄方案、想要达到怎样的效果。若无法进行沟通时，我会分析图片，揣摩客户想要的或摄影师要表达的是什么。

2. 正式转档导图。导图时我会用到两个软件，分别是Photoshop里的Camera Raw插件和Capture One。这两个软件在功能上大同小异，但各有各的风格和特点。本书在第五章、第六章会详细讲解将Raw格式的图片转为Tiff格式的过程和经验。这是修图过程中最重要的步骤之一。可以说，导好了图，你的修图工作就成功了一半。

3. 对人物及背景进行修饰处理。将Raw格式的图片导进Photoshop之后，我们就可以开始对人物及背景进行修饰处理了。先修去脏点，不管是镜头污点造成的，还是背景中存在的杂乱点；接着开始修人物皮肤，修掉痘痘、斑点、疤痕等瑕疵。对人物的服装也可以同时进行处理。

4. 光影调整。去除画面中明显的瑕疵之后，我们就可以开始对皮肤进行简单的光影调整了，也就是局部的提亮或压暗。这样做可以让皮肤看起来更干净。对人物的服装也可以同时进行处理。

5. 局部修饰。局部修饰最主要的是对模特的妆容进行修饰，包括眼睛、眉毛、睫毛、鼻子、嘴、牙、眼影、腮红、指甲、头发等，要根据画面的具体情况和需要进行修饰。

6. 对画面的立体结构做微调。经过上面的步骤之后，模特的皮肤细节已经基本修完。接下来，我们需要对画面的立体结构做微调，即做加深或减淡处理。这样做可以让人物更加立体，结构更加舒服。

7. 液化处理。液化处理包括液化模特的五官结构，如眼睛、眉毛、脸型、嘴巴、鼻子、发型；液化其身体结构，如瘦腿、收腰、修饰服装版型等；调整五官和身体的比例，如缩小头的比例、拉长腿等。

8. 整体色调的调节。调节整个画面的色调氛围。调色的顺序是从整体到局部。

9. 局部调整。局部范围的提亮或压暗，可以丰富画面的影调关系。结合局部加、减饱和度，可以让画面的影调和色调都更加谐调。

10. 整体调整。调整整组图片，使其色调统一，但要注意适当保留每张图本身独特的氛围。

11. 锐化出图。

三、如何调色？

调色是广大修图师面临的最大问题，也是一个普通修图师和一个高级修图师之间的最大区别。要想学好调色，首先你要掌握色彩的一些基本理论，如美术与摄影中的三原色及色彩关系、色调的定义和冷暖、色彩的基本属性、配色原理和色彩的情感特征等。另外，还需掌握光的三原色及色彩关系。美术中的三原色理论是审美标准，光的三原色理论是实现手段。本书的第四章将带你逐步了解色彩的理论知识。

当你了解了色彩的理论知识之后，就可以试着去分析好的作品。好看的图片，大家都觉得好看，但很多人却说不出为什么好看，所谓"外行看热闹，内行看门道"。你必须能够准确分析出来这幅作品好看在哪儿，是怎样的黑白灰影调关系、色调对比关系、饱和度、明度、冷暖关系、情感特征等。当你学会了图片分析，也就学会了模仿，模仿也是一种很好的学习方法。

有了方向，路还要一步一步地走，所以你必须灵活运用你手中的修图工具，了解Photoshop中每一个工具的特点和扩展功能，并能够灵活搭配运用，从而达到自己想要的画面效果。

当你积累了大量的模仿经验之后，就可以进入自主创新阶段了。比如，当你拿到一张画面温馨的图片时，就会立刻想到最后呈现出来的画面应该是什么主色系、用哪些颜色搭配更容易传达画面的主题。这样，你的用色才是突出主题的，色彩才是有所表达的。色彩也是一种语言，是会"说话"的。当你理解了色彩、能够驾驭色彩，也就离调出好看的色调更近了一步。就像我们看电影，很多时候，画面中的道具、服装、妆容、场景等颜色的选择，都是导演本身的情感表达，是有思想和创意的。这些都是所谓的审美。只要你肯花时间，多思考，多积累，相信你很快就能成为一位修图高手！

汪 祎

资源下载说明

本书附赠案例配套素材文件及调色、合成案例电子书一本，扫描"资源下载"二维码，关注"ptpress摄影客"微信公众号，回复本书的5位书号49003，即可获得下载方式。资源下载过程中如有疑问，可通过客服邮箱与我们联系。

客服邮箱：songyuanyuan@ptpress.com.cn

目录

前 言   3

第一章　人像皮肤质感的修饰

1.1 皮肤的修饰   12
    1.1.1 怎样去痘、去脏点   13
    1.1.2 利用双曲线进行光影调整   14
    1.1.3 利用柔光或叠加模式完善光影过渡   16
    1.1.4 怎样修饰眉毛   18
    1.1.5 怎样修饰鼻子   18
    1.1.6 怎样修饰嘴唇   18
    1.1.7 怎样塑造立体感   19
    1.1.8 怎样修饰瞳孔和牙齿   19
    1.1.9 怎样统一肤色   21
    1.1.10 怎样锐化   23
    1.1.11 怎样利用色彩范围增加透亮感   24

1.2 妆容的修饰   27
    1.2.1 怎样利用柔光或叠加模式上色   28
    1.2.2 怎样画睫毛   30
    1.2.3 怎样修饰指甲   33
    1.2.4 怎样修饰头发   38

1.3 商业广告中服装的处理   40

第二章　五官及形体的比例和结构调整

2.1 上相的必备条件   46
    2.1.1 小脸的秘密   46
    2.1.2 三庭五眼、四高三低原则   46
    2.1.3 综合因素   49

2.2 液化工具的应用   53

2.3 液化的流程   56

2.4 具体液化案例分析   61
    2.4.1 正面液化案例   61
    2.4.2 侧面液化案例   62

2.5 腿部长短比例的变化技巧   63

2.6 头部大小比例的变化技巧   66

第三章 画面背景的处理

3.1 怎样处理白色背景　　　　　　74

3.2 怎样解决背景中颜色断层或渐变
　　 不匀的问题　　　　　　　　　82

3.3 怎样抠图　　　　　　　　　　86

第四章 色彩的基本理论知识

4.1 美术和光的三原色及色彩关系　　98
　　4.1.1 美术的三原色及补色　　　　98
　　4.1.2 光的三原色及补色　　　　　99
　　4.1.3 光的三原色和颜料三原色的关系　100
　　4.1.4 光与色彩的形成　　　　　　100

4.2 色调的定义和冷暖色调　　　　102
　　冷暖色调的概念　　　　　　　　102

4.3 色彩的基本属性　　　　　　　103
　　4.3.1 色相　　　　　　　　　　103
　　4.3.2 色彩的饱和度　　　　　　103
　　4.3.3 色彩的明度　　　　　　　104
　　4.3.4 色相、饱和度、明度之间的关系　104

4.4 配色原理　　　　　　　　　　105

4.5 色彩的感觉特性　　　　　　　106
　　4.5.1 色彩的冷暖感觉　　　　　106
　　4.5.2 色彩的远近感觉　　　　　107
　　4.5.3 色彩的轻重感觉　　　　　107
　　4.5.4 色彩的大小感觉　　　　　107
　　4.5.5 色彩的膨胀与收缩　　　　108
　　4.5.6 色彩的艳丽与素雅　　　　108
　　4.5.7 色彩的软硬感觉　　　　　109
　　4.5.8 色彩的动静感觉　　　　　109

4.6 色彩的情感特征　　　　　　　109

4.7 调色理念：色彩的对比与统一　　112

4.8 印象派理念　　　　　　　　　113

4.9 电影中的色彩风格　　　　　　115

4.10 色域空间　　　　　　　　　　116
　　4.10.1 sRGB　　　　　　　　　117
　　4.10.2 Adobe RGB　　　　　　117
　　4.10.3 sRGB与Adobe RGB的区别　117
　　4.10.4 CMYK印刷模式　　　　118

4.11 图像的两个重要属性　　　　　118
　　4.11.1 分辨率　　　　　　　　118
　　4.11.2 位深　　　　　　　　　119

第五章　Camera Raw导图流程及案例解析

5.1 Camera Raw导图流程和工具　　122
  5.1.1 灰度直方图　　122
  5.1.2 曝光和影调关系的调整　　122
  5.1.3 饱和度、清晰度及锐化的调整　　127
  5.1.4 白平衡的调整　　128
  5.1.5 色相、饱和度、明亮度的调整　　130
  5.1.6 曲线调整　　134
  5.1.7 分离色调　　134
  5.1.8 镜头校正　　136
  5.1.9 效果　　137
  5.1.10 局部调整和渐变　　137
  5.1.11 输出及批量处理　　141
  5.1.12 预设　　144
5.2 Camera Raw导图案例解析　　144
  案例1　　144
  案例2　　151
  案例3　　157
  案例4　　164
  案例5　　170
  案例6　　178

第六章　Capture One导图流程及案例解析

6.1 Capture One导图流程　　190
  6.1.1 导入　　190
  6.1.2 曝光的调整　　191
  6.1.3 颜色的调整　　194
  6.1.4 细节的调整　　201
  6.1.5 局部的调整　　202
  6.1.6 同步和输出　　202
6.2 Capture One导图案例解析　　208
  案例1　　208
  案例2　　215
  案例3　　223
  案例4　　231
  案例5　　242

第七章　Photoshop调色工具的应用

7.1　可选颜色	252
7.2　曲线	258
7.3　色彩平衡	265
7.4　色相/饱和度	266
7.5　自然饱和度	266
7.6　亮度/对比度	267
7.7　色阶	267
7.8　黑白	267
7.9　颜色查找	267

第八章　人像摄影调色全过程案例解析

8.1　室内纯色背景女装广告案例	270
8.2　室内搭景内衣广告案例	284
8.3　室外高山湖泊环境男装广告案例	302
8.4　室外海边男装杂志内页照片案例	320
案例1	320
案例2	339
8.5　"老人与海"男装杂志内页照片案例	353
案例1	353
案例2	367
8.6　电影叙事风格的杂志内页照片案例	384
8.7　室外男装彩色照片转为黑白效果案例	403
8.8　复古风格男装彩色照片转为黑白效果案例	414
8.9　室外女装彩色照片转为黑白效果案例	417

总结	**425**
后记	**426**

第一章

人像皮肤质感的修饰

修饰人像的皮肤，是修图师的基本功。但有时候，即便我们用同样的工具、同样的方法，每个人修出来的成品，感觉也会不同。这主要体现在对画面整体的把握和对细节的处理上。

人像皮肤质感的修饰基本可以分为三个等级。

初级： 会用磨皮插件，能把人物的皮肤修饰干净，可以满足淘宝类人像摄影照片和婚纱写真类照片的修片要求。

中级： 能把人物的皮肤修干净，同时保留一定的皮肤质感，可以满足普通商业片的要求。

高级： 在将人物皮肤修饰干净、完美保留皮肤质感的同时，让照片看上去自然、舒服，能够满足高级商业大片的要求。

不同类型的片子对修饰程度有着不同的要求。能把人像作品的皮肤处理得美且不假、不做作，需要你不断地经验积累，同时不断提升审美水平。真正能做到这一点的人较少。

本章将从人像皮肤的整体修饰讲到具体的五官、妆容、衣服等的修饰方法，让大家学习和了解商业人像摄影中人物皮肤的高级质感处理方式和技巧。通过案例来具体讲解，当遇到不同类型的照片时，应当如何选择合适的处理方式，如何把握处理的程度。这些是我们学习和进步的关键。

1.1 皮肤的修饰

我通过多次实践，总结出一套较为合理且实用的人像皮肤修饰步骤，主要有以下四步：

第一步是去除人物皮肤上较大的瑕疵，如脸上的痘痘、斑点等；修正画面中的背景，让最明显的部分先看上去更干净。

第二步是利用双曲线来修饰光影结构，调整高光阴影，通过对于光影结构的改变，让人物的五官更精致、立体。

第三步是局部修饰完善，例如模特的五官、妆容、服饰等，调整画面的细节。

第四步是利用图层混合模式中的柔光、加深、减淡等模式塑造立体感。

下面我们就通过具体的案例，来完整地学习和理解这四个操作步骤。

图片来自/太平鸟电子商务有限公司

原图分析：这是一张在影棚内拍摄的商业女装照片，光线比较柔和，背景是由一些色块组成的，画面整体的色彩构成很丰富

复制背景图层。不管图片修到什么程度，PSD文件的最下面一层都要保留原始的背景图层，这样方便在修图的过程中随时对比原图，从而对比观察图片修得是否有问题，哪里没有修过，哪里修得过度了，哪里没修到位。背景图层是一个最真实的存在，是供我们参考的重要依据，非常直观。因此，在开始修图时，一定要复制保留背景图层。

1.1.1 怎样去痘、去脏点

修掉人物的痘痘、眼周的细纹、眼白处的红血丝、深深的唇纹和杂乱的头发。修饰背景，如修掉背景中的脏点。

需要注意的问题。

1. 在修图的过程中，无论是人物眼周细小的干纹，还是细线形的法令纹，都要修饰掉。但要注意的是，一定要保留卧蚕和法令纹的结构。
2. 深色头发区域里杂乱的高光，需要修掉，这样可以让画面更干净。
3. 这一步主要运用到的工具是修复画笔工具，硬度选择为0。使用修复画笔工具时最主要的是要注意取点问题。就拿修饰鼻子来说，我们的鼻子结构比较立体，在照片中有高光、中间调和阴影区域，每一个区域的质感都是完全不同的。质感最强烈的部位处于中间调，因此不能取高光或阴影区域的点来替换中间调，那样会导致皮肤质感下降，修完之后会产生严重的修图痕迹，看起来会非常不自然。
4. 不能直接用仿制图章工具来代替修复画笔工具。仿制图章是不经过任何计算和融合的，完全是通过复制得来的。而修复画笔工具最大的特点，则是在复制的同时会进行计算和融合，因此效果会比较自然。我们偶尔也会用到仿制图章工具，例如在处理法令纹时，无法用修复画笔工具完全将其去掉，就可以利用仿制图章来适当减淡。或是在处理某些边界线地带时，修复画笔工具可能会导致一片模糊，但仿制图章则可以避免这个问题。根据情况的不同，利用仿制图章工具，再配合修补工具或修复画笔工具使用，效果会更佳。
5. 修痘痘的时候要注意顺序。如果没有顺序地将大小颗粒一次性地全部去掉，会让皮肤失去质感，丢失很多细节。所谓细节，指的就是皮肤不规则的纹理和毛孔变化。练习的时候，先挑最大、最明显的痘痘来修，修掉这批之后，再去找此时画面中最明显的来修。如此下去，就可以保证修出的皮肤质感一直都是平均、自然的。等到熟练之后，你的心中自然就会有一个评判标准，低于这个标准的痘痘或颗粒，其实可以适当保留。因为行业在进步，现在修饰人像皮肤，越来越注重真实、自然的质感。因此，该保留的应当适当保留。如果修得像瓷娃娃一样，反而显得小气了。

1.1.2 利用双曲线进行光影调整

1. 建立曲线图层，提亮中间调。
2. 选中蒙版，快捷键command+I，反相蒙版到黑色。
3. 选择白色画笔，硬度为0，关掉压力，透明度为5%～10%。

4 用白色画笔涂画画面中较暗、较脏的部位，例如眼袋。这一步工作量较大，需要付出精力和耐心。

5 画面看起来很脏，主要是由光影亮度和颜色造成的，而最常见的原因就是光影过渡上的不均匀。因此，我们可以利用双曲线来改变和平衡亮度。除此之外，我们还可以结合柔光和叠加模式。但我会优先选择双曲线，原因在于双曲线在改变亮度的时候，基本不会变色，而柔光和叠加模式在遇到颜色较深或较浅的部位时，容易出现变色、变脏的问题。

6 建立观察图层，将一个变黑白的调色图层加一个压暗或增加对比度的曲线图层，放在图层最上面，这样可以排除颜色的干扰，更直观地看到画面中的黑白灰关系。

7 五官之所以在平面显示器上看起来是立体的，简单来讲就是因为有光影。所以，通过适当提亮或压暗局部的亮度曲线，可以改变光影的立体结构，从而让一个人更显年轻、美丽。例如眼袋，眼袋的亮度通常会比周围的皮肤暗一些，因此适当提亮其亮度曲线，可以让眼袋的亮度更接近周围皮肤的亮度。要注意的是，接近不意味着完全去掉，通常我们都会保留30%左右，达到远看没有黑黑的眼袋，细看会呈现出真实的光影过渡和结构的效果，即可达到美观又自然的效果。

8 重塑光影的方法和技巧。

首先要选择合适的画笔大小。脏的区域可能没有完整的结构，但是也会有规律可寻，你可以将其连成块或线。一个5mm宽的脏块，就要用 5 mm 宽的画笔来画才最合适。所以进行这个步骤时，我的左手一般都会放在画笔大小的快捷键上，不停变化画笔的大小，直到找到最精准的画笔，然后画在脏块上。

其次要选择合适的画笔透明度。即使是很小块的脏的区域，亮度深浅也都各不相同，因此要选择合适的画笔透明度。能一笔解决最好，如果不能就再来一笔。但是对于用5%透明度可以一笔解决的问题，你不能用10%透明度的画笔来处理，那样原本的黑色脏点，就会瞬间变成白色脏点。从工作效率上来讲，也浪费了时间和精力。所以切记，要选择合适的画笔透明度。

> 小贴士　画笔透明度的快捷键，是键盘上方的数字键。0代表100%；1代表10%；连着快速按1和5，代表15%；10以下，例如5，需要按05。用快捷键比用鼠标调节拉杆要方便和准确很多。

选择好画笔之后，就可以开始画了。注意一定要画准，要按着脏块的纹理走向一笔一笔地画。一笔画完之后，画面就会产生变化。第二笔下笔之前，要观察当前的脏块结构走向，根据此时的状态决定这一笔的走向。切记不能乱画，来回涂抹。

此外，在画的时候，一定要经常变化视图的大小。比如，开始可以按屏幕的大小缩放，这时候你观察到的是画面的整体效果，优先去掉最明显、最突出的黑色脏块。然后再将视图转换到100%大小，去处理一些细节上的问题。最后再将视图切换到60%继续修改。你会发现不同的视角之下，看到的脏块是完全不同的，正所谓"横看成岭侧成峰，远近高低各不同"。我们需要用整体视图看大结构，也需要将画面放大到100%去看细节。

做完这一步之后，一定要仔细检查，是否有些地方原本是黑色的脏块，被你修完之后，却变成了白色脏块。如果有这种情况，说明你下笔太重了，或是画得不准确，需要用黑色画笔再擦回来。

● **需要特别注意的区域**

1. 额头有三个面的立体结构，两端会有立体结构的转折，相对暗一些，要注意保留。

2. 法令纹可以适当减淡，但不能失去其结构。

3. 对于颧骨的区域，不能减淡阴影，要保留立体结构。

4. 下眼睑和眼窝处要保留阴影和立体结构。

5. 亚洲人鼻子较矮，可适当提亮鼻梁的高光，增加立体感。

6. 根据情况，可以适当提亮模特胳膊、腿的高光，增加立体感。

1 添加曲线图层，压暗中间调。

2 反相蒙版到黑色。

3 选择白色画笔，硬度为0，关掉压力，透明度为 5%～10%。

4 用白色画笔涂画过亮的区域。需要注意的是，在进行这一步之前，你要确保需要提亮的地方已经处理得差不多了，避免在提亮的曲线上提得过亮，又在压暗的图层上重新压回来，避免上下两个曲线反复作业，浪费时间和精力。尽量做到，不管是单独打开提亮曲线图层，还是压暗曲线图层，每一个图层都是干净、有效的，这样才能更快速、更高效地将整体画面处理干净。

● 需要注意的区域

1. 可以适当压暗鼻侧的阴影，增加立体感。

2. 可以适当压暗颧骨处的阴影，增加立体感。

3. 适当压暗发际线周围的白边，增加黑白之间的层次过渡，可以让脸显得更小。

1.1.3 利用柔光或叠加模式完善光影过渡

在使用了双曲线的方法调整以后，整个画面已经大致干净了，但是还会有一些细节没有做到位。这时候，我们可以利用柔光或叠加图层来继续完善。

柔光模式和叠加模式的特点是，画白色可以提亮，画黑色可以压暗，画中性灰没有作用。而叠加的效果会比柔光更加强烈。所以我们就可以在一个图层上，做到既能提亮又能压暗，不用来回切换图层，也不必担心会变颜色。因为到这一步，需要提亮或压暗的程度都是很小的，基本不会出现变色的问题。

1 新建空白图层，将图层模式改为柔光或叠加。

2 选择画笔工具，透明度为2%～5%，硬度为0。

3 先选择白色画笔，涂画之前没有注意到的小黑块。

4 再选择黑色画笔，加深过亮的区域。

　　这是一个完善细节的过程，弥补上一步中存在的不足，这时候我通常会将左手放在键盘的"X"键上，方便切换黑白色。

　　接着用快捷键ctrl+shift+alt+E盖印图层，修掉模特眼中的红血丝，复制眼球，向下移动，减少眼白区域，压暗下眼睑内侧泛白的区域，将牙齿修得更整齐。

1.1.4 怎样修饰眉毛

1. 确定眉形之后,首先修掉多余的眉毛,补齐空缺的地方,修出眉梢的轮廓。

2. 用双曲线的方法,或叠加柔光的方法,加深、减淡,让眉毛的深浅过渡均匀干净,浓淡相宜。但要注意,眉毛的边缘轮廓不要修得太生硬。

3. 当眉毛整体颜色太浅时,可适当加深,会让人看起来更加精神。当眉毛整体颜色太深时,可做适当提亮,从而让眉毛更显柔和。

1.1.5 怎样修饰鼻子

亚洲人的鼻梁高度较低,因此鼻子的修饰方向通常就是尽量将其修得更显立体。

1. 利用曲线工具或叠加柔光,修饰鼻梁的高光区域,让高光区域更流畅、更突出。注意要保留高光的亮度变化,因为鼻梁每一段的高度都不同,高光的亮度也在发生变化。

2. 利用曲线工具或叠加柔光,修饰鼻梁的侧影,让阴影区域整体更干净。如果拍摄光是大平光,鼻子两端的侧影就会很浅,可以适当加深一点,但切勿加深太多。过度加深会导致非常突兀、不自然,看起来很假。

3. 如果鼻梁侧影较宽、较远,会显得鼻子很趴、很平。可适当收窄影子,影子的宽度最好不要超过内眼角到鼻翼外缘的连接线。另外要注意,影子的边缘要有渐变,过渡自然。

1.1.6 怎样修饰嘴唇

1. 首先利用仿制图章工具将嘴唇的外轮廓修整齐,可以用按住shift键拉直直线的方法来修。要根据原本嘴唇轮廓的硬度选择合适的图章硬度,透明度为60%~80%,注意保留嘴角处变深的内嵌结构。如果使用仿制图章导致嘴唇边缘出现纹理的重复,可结合修补工具和修复画笔工具替换纹理质感。

2. 修掉多余杂乱的唇纹,让嘴唇显得更干净、更湿润。

3. 利用双曲线或叠加柔光的方法,将嘴唇的光影过渡修得更加自然、干净。

4. 适当压暗下唇边缘的光影,略提亮高光区域,增强嘴唇的立体结构,可以让嘴唇显得更圆润、更饱满、更性感。

鼻子和嘴唇修饰之前

鼻子和嘴唇修饰之后

1.1.7 怎样塑造立体感

1. 新建空白图层，选择柔光或叠加图层混合模式。
2. 进一步修饰五官的光影关系，从而塑造立体感。这时候，将视图的比例缩小，画笔要大，画笔硬度为 0，画笔透明度为 1%～2% 即可。
3. 如果整个画面显得太平，缺乏立体感，可以添加曲线工具，压暗，并添加黑色蒙版。用大的画笔，低透明度，对画面中的局部进行压暗，比如衣服的暗面或边缘。增加画面中的亮暗对比关系，可以让画面更显立体，产生光影流动的感觉。

1.1.8 怎样修饰瞳孔和牙齿

1 新建空白图层，图层混合模式选择叠加模式。用黑色画笔涂画瞳孔，可以让瞳孔更显深邃，眼睛更有神采。有时也可以利用白色画笔，提亮眼白和眼神光，以增强效果。

2 建立瞳孔的选区，羽化，新建曲线图层，增加青色和蓝色，可以让瞳孔的颜色更好看。

3 建立牙齿的选区，羽化，新建色彩平衡工具，高光和中间调都加冷色，可以让牙齿更白、更干净。

1.1.9 怎样统一肤色

1 新建色相饱和度图层,选中红色色相,将色相值设置为180,红色就变成了青色。注意下方的色彩范围选区条,默认红色选区范围是315°/345°~15°/45°,其中 345°~15° 是完全选中范围,两端为渐变范围值。

通过拉动色彩范围选区条,观察变色的范围。缩小红色的选区,去除部分正常的橙色肤色区域,只保留肤色过红的区域,这样就得出来了一个肤色过红区域的选区315°/339°~5°/23°。

将红色色相恢复到0，然后再观察画面进行调节。将色相设置为+10，饱和度设置为-11时，画面中所有被选中的红色都变成了橙色，偏红的区域颜色也变得更加统一。

但这时的唇色、眼影、衣服等的颜色也发生了变化，失去了本来的色彩。因此，我们需要在蒙版上用黑色画笔擦除这些区域，或反相蒙版到黑色，用白色画笔涂画肤色过红的区域，达到只统一局部的目的。

2 利用快速选择工具选出脖子和手臂的区域，羽化选区，羽化值为5个像素。添加自然饱和度图层，将自然饱和度的值设置为-10，这样可以让肤色整体变得更加平均、谐调。

1.1.10 怎样锐化

1 复制人物图层。

2 选中滤镜菜单-锐化-USM锐化，半径设置为300，数量为5%，大半径的锐化效果就如同提高了清晰度，可使画面更加清晰、透亮。

3 再次选择USM锐化，将图像放大到100%视图，半径设置为0.8，数量选择66%，增加细节锐化。

1.1.11 怎样利用色彩范围增加透亮感

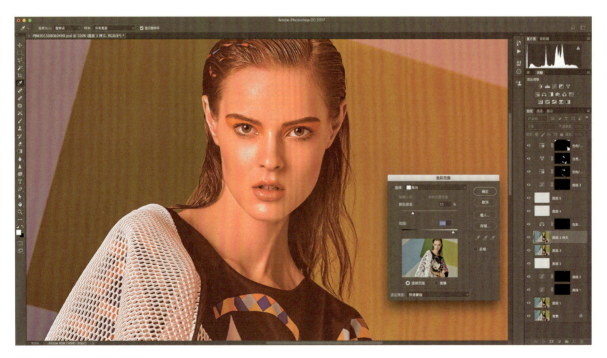

提亮高光区域，增加透亮感。

1 选择-色彩范围，选择高光，颜色容差设置为20%，范围根据具体情况而定，这一步我们只选出脸上小面积的高光即可，因此设置为235。

2 点击确定以后，得到整个图片亮度大于235的高光选区。

3 选择套索工具，选中与选区交叉模式，重新选中脸部，这样就可以只选中脸部的高光区域。

4 做适当羽化，羽化半径通常为10~15个像素。

5 得到脸部高光的选区之后，新建曲线图层，适当提亮曲线，以增强脸部高光，让脸部更显立体、透亮。

1.2 妆容的修饰

彩妆片修饰的重点就在于模特的妆容。在前期拍摄时，化妆造型固然很重要，但是拍摄过程中不可能面面俱到，经常会有一些不足的地方，模特的皮肤也常常会有一些不该出现的瑕疵，这时候就需要修图师来进行后期完善，从而让整张照片达到最佳的状态。

修饰妆容的过程，很像是一个二次化妆的过程，修图师需要利用软件和技巧，修掉一些瑕疵，进行局部上色调整，或加强质感等，以达到让妆面更好看的目的。我们在这一节会讲到如何用混合模式中的叠加模式和柔光模式上色，修妆容，增加眼影、腮红、口红，如何画睫毛，以及如何让妆容更立体、更富有质感。

摄影/黎怀楠

原图分析：这是一张彩妆照片，模特的整体妆容比较浓重，画面整体色调偏冷，充满神秘感

放大到100%的原图

最终效果

● **修图思路**

这张照片的调整思路是由整体到局部,由上至下,与化妆的顺序是一样的。

1. 修饰背景,让画面左右对称,这样会使构图更合理。

2. 修饰皮肤,让皮肤更干净。

3. 修掉眉毛,进一步实现化妆师的创意。

4. 修饰睫毛,让睫毛的角度和分布更均匀。

5. 修饰眼睛里的高光区域,让反光更明亮、更对称。

6. 修饰嘴唇,让嘴唇更圆润饱满。

7. 对脸型和眼睛进行液化。

1.2.1 怎样利用柔光或叠加模式上色

新建空白图层,将图层混合模式调整为叠加模式,利用吸管吸取眼影的颜色,然后对颜色进行修改,饱和度设置为80%,亮度设置为50%。

> 小贴士　之所以将亮度设置为50%,是因为叠加模式和柔光模式的特点是,画亮色会提亮,画暗色会压暗。当亮度为50%时,可以保证在增加眼影饱和度的同时,其亮度基本不受影响。

选择画笔工具,硬度为0,透明度为10%,涂画眼影的结构,上色。

　　新建空白图层，将图层混合模式调整为柔光模式，利用吸管吸取金色眼影的颜色，饱和度设置为90%，亮度设置为50%，利用画笔工具涂画金色区域，以加强金色眼影。

　　新建空白图层，将图层混合模式调整为叠加模式，利用吸管吸取腮红的颜色，将饱和度设置为90%，亮度设置为50%，利用画笔工具上色，修饰腮红。

　　新建空白图层,将图层混合模式调整为柔光模式,选择高明度的青色,涂画眼球区域,这样做可以让眼白区域更明亮、更清澈,从而使整个眼睛更有神采。

1.2.2 怎样画睫毛

　　有时候,睫毛会有缺口,这就需要我们去补齐,整齐有序的睫毛会更好看。如果睫毛的缺口较小,可以选择复制旁边的睫毛粘贴过来。但当缺口较大时,就需要自己动手来画了。

1 首先,新建一个空白图层,将图层混合模式调整为正片叠底,选择画笔工具,吸取睫毛最深处的颜色。通常睫

毛的颜色是深褐色，而不是纯黑色。

2. 根据现有睫毛的粗细和清晰度，调整画笔的大小和硬度。注意，如果睫毛本身比较清晰锐利，硬度就要适当地设置得高一点。

3. 打开画笔的不透明度压力和大小压力，让手写板感知到压力，可以画出粗细渐变和透明度渐变的线条。

4. 根据睫毛的角度和弧度，在睫毛的缺口处，一笔一笔地画出一根根睫毛，并及时调整，如果觉得不合适就重新画，直到自然地补好所有的睫毛。要注意睫毛扇形的弧度分布、长短变化、粗细变化以及由睫毛尖部到根部的虚实变化。如果你选择的画笔硬度略高，这一步可适当进行高斯模糊，将半径设置为零点几即可。

5. 我们画出的睫毛是纯色的，可能与真实的睫毛颜色还不太一样。复制图层，将图层的混合模式改为叠加模式，进行高斯模糊，将半径设置为0.2像素。这样可以让睫毛有晕开的感觉，会更加自然。

6. 适当降低正片叠底图层的透明度，这时候底色就会从叠加图层上反上来，让睫毛有颜色的变化，会更加真实。

7. 最后，调整两个图层的透明度，以达到更真实的效果。如果颜色不够，可增加叠加图层的透明度。如果100%的透明度还不够的话，可以再复制一个图层。如果颜色太深，则可以降低正片叠底图层的透明度。

1.2.3 怎样修饰指甲

除了修饰皮肤之外,我们还要注意修饰一些细节。指甲也是人像妆容的一部分,修图的过程中也要适当修饰。一双美观的手和精致的指甲,可以让整体画面加分不少。下面我们就来讲讲怎样修饰人像作品中的指甲。

这是一张以美甲为主题的照片,指甲在画面中占据了非常重要的位置,因此修饰指甲就成为修饰这张照片的重中之重。

1 复制一个新的图层,修掉手指上的脏点,并用曲线工具结合仿制图章提亮手指关节处过黑的地方。

2 复制新图层,进一步修饰手指,减淡手指上较深的纹路,让手指看起来更圆润、更干净。

3 修饰指甲时,先修指甲的外轮廓,利用仿制图章工具,根据指甲边缘的硬度,设置画笔的硬度。

4 利用仿制图章工具塑造出指甲的轮廓，线条要圆润整齐。

5 对比观察原图，利用仿制图章工具修改指甲上高光的形状。由于指甲油具有高反光的特点，高光的硬度很大，所以将仿制图章的硬度设置为95%左右，简化高光的形状，保留原来大致的宽度。

6 新建图层，将图层混合模式更改为柔光模式。用白色画笔提亮高光，使其接近于白色。高光里略带细节，打造出高反光的效果。

7 新建黑白和压暗的曲线图层，放在图层顶端作为观察层。接着，在图层混合模式为柔光的图层1上，开始修饰指甲的光影过渡和立体结构。

8 由于光线的原因，指甲的中间应该是最亮的区域，左边偏暗，右边最暗。整体的光影应均匀渐变，这样指甲看起来才会干净、自然。

9 新建柔光图层2，选择指甲的颜色，将饱和度设置为100%，亮度设置为50%，开始对指甲上颜色发白的区域进行上色。

10 上色之后，指甲的饱和度更高，看起来更油亮润泽，更有质感。

11 根据以上方法，依次修饰每一个指甲。注意要保留每个指甲高光的形状和大小变化。对比原图，修饰后的指甲形状更圆润饱满，立体感更强，颜色更饱和，质感也更强，油亮润泽。

1.2.4 怎样修饰头发

在商业人像后期中,头发的修饰是不可或缺的。通常情况下,头发不用大修,但小小的修饰和点缀却是非常必要的。

修饰头发主要分以下几个步骤。

1.先将外边缘的乱发/碎发修整一下。注意在修的时候,一定要保留边缘的过渡。也就是说,边缘的头发之间要有一定的间隙,能够露出一点背景来,这样才真实。如果没有这层过渡关系,边缘就会显得很生硬。

2.修掉头发中间的杂发。比如某些光线下,阴影下的黑色头发里有杂乱的白色高光。另外,每一缕头发都有一个走向,凡是跟整体走势不相符的小碎发都需要修掉。

3.修饰头发的光影过渡。跟修皮肤的方法一样,通过提亮或压暗,可以让头发的明暗过渡更加干净、顺滑。

4.新建一个空白图层,将图层混合模式改为叠加模式,利用画笔工具对头发的高光区域进行适当提亮,增加秀发的反光,使其看起来更加乌黑油亮,更有质感。某些情况下,再适当压暗阴影区域,增强高光与阴影的反差,以增强头发的对比和质感。

5.整体液化,增强头发的造型感。

1 这张照片的原图中,头发是非常杂乱的。

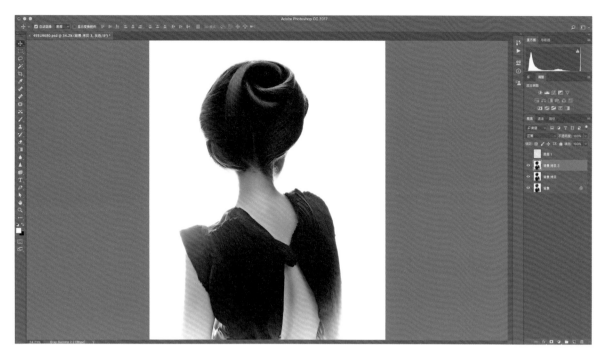

2 对比上一图层可以发现，我们修掉了边缘的乱发，液化了整体的线条，加强了高光区域，同时压暗了阴影区域，塑造出了头发整体的立体感和造型。

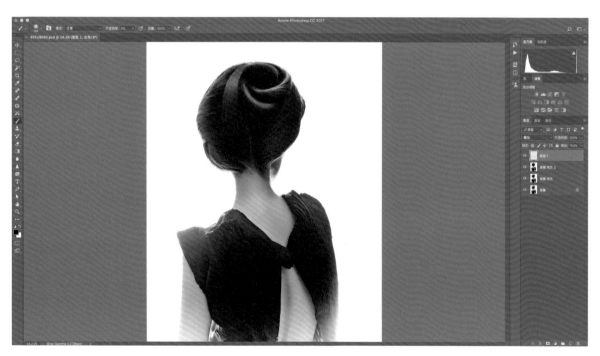

3 新建图层，将图片的混合模式设置为叠加，利用白色画笔工具画出头发的高光，再次对发型的高光区域进行提亮，表现出乌黑发亮的头发质感。

1.3 商业广告中服装的处理

在我们随处可见的商业服装广告片中,模特身着的服装通常看上去都很平整、美观、富有质感,给人想要购买的欲望。然而在前期拍摄的过程中,衣服难免会不平整,出现褶皱、线头等,也可能是因为面料本身的关系,会存在许多瑕疵。这就需要我们在后期中加以修饰,好让服装质感达到最佳效果。处理服装和修饰人物的皮肤一样,都需要我们从整体到局部,按照步骤来。切忌将服装上所有的褶皱一并修掉,保留适当的细节很重要。

下面我们就来看一个具体的商业广告服装修饰案例。

图片来自/DProduction

这是一张服装广告商业片,可以看到,原图中模特身着的衣服有些皱。

1 在正式开始修饰服装之前,我们首先将模特脸上的痘痘去掉,修掉杂乱的头发,修掉画面中的脏点,包括地面和背景中的脏点。然后再开始修掉衣服上不必要的褶皱。

1 去除衣服的褶皱时，可以首选自动填充工具。如果效果不理想，可以选择修补工具。

2 使用修补工具之后，边缘很容易出现补丁，这时就需要用修复画笔工具进行细节处理了。

3 衣服上并不是不能有褶皱，我们穿上衣服，做一些动作的时候，一定会有褶皱出现，这很正常。因此，我们可以保留一些自然的褶皱。但是，尽量不要有小褶皱出现，特别是西装和衬衫上出现小的褶皱，会让衣服看起来皱巴巴的，像是没有熨烫好一样，给人以廉价的感觉。此外，还要注意褶皱的分布，要尽可能平均、谐调。

2 修饰模特脸部和衣服上的光影关系，男士应更注重其立体结构。修掉多余的、复杂的光影结构，可以让衣服更显干净、平整。

3 进行液化。分别液化模特的发型、脸型，液化服装的外形。这样做可以让服装的外部线条更整齐流畅。

4 对画面的背景进行补充，让其构图更符合广告片的标准尺寸。

5 适当提亮画面的左上角，使背景的亮度让人感觉更舒服。

6 适当提亮后面女模特的脸部，避免其面部太黑。

7 建立服装选区，适当羽化，添加色相饱和度图层，将饱和度设置为-63，减弱环境光对服装颜色的影响，使其还原得更加真实。

8 建立背景选区，添加色相饱和度图层，将饱和度设置为-100，让背景的颜色和整体画面更加统一。

9 适当提亮背景，使整体呈现高调，让画面看起来更干净。

10 添加调色图层，使画面整体呈偏冷色调。这样做可以让画面更谐调，人物更突出，呈现出一种高级、简约的低饱和度画面效果。

在商业服装的修饰过程中，除了模特本身之外，服装的修饰是重中之重。服装的修饰有以下几点需要特别注意。

1 液化时，要注意服装的版型，一定要有腰身，呈现出立体剪裁的效果，体现出服装的造型感。

2 要体现出服装面料的特点，体现出服装的质感。

3 一定要准确还原出服装的颜色，避免偏色。

4 模特身着的服装，一定要看起来合身，避免大小、长短不合适，要体现出服装的舒适性。

第二章

五官及形体的比例和结构调整

　　本章，我们将讲解人像后期中人物五官及形体的比例和结构的调整技巧，也就是我们通常所说的液化、拉腿等环节。液化的案例有很多，每张照片中的模特需要液化的位置都不一样，很难做出一个全面的概括。因此在本章中，我们主要是通过传达人的五官、骨骼和肌肉等形体标准比例和美的形态等基础知识，让大家知道，什么样的五官是精致、漂亮的，什么样的形体比例是匀称、美观的，让大家在心目中有一个美的标准，一个修图的方向。这样在实际操作中，就可以逐渐做到，不管遇到什么情况，都能掌握好修饰的度，可以将人物液化得更美观，也更加自然、真实。

　　此外，在本章中，我们还会讲到Photoshop中液化工具的使用方法。熟练掌握每一个工具，可以让我们在遇到不同情况时，迅速判断出最合适的处理方式，从而提高工作效率。

　　最后，我们会结合具体的正面液化案例和侧面液化案例，详细分析、讲解液化的流程以及需要特别注意的点，如眼睛、鼻子等五官及形体如何液化更好看，如何拉长腿、使其比例更自然，如何解决头的比例过大等问题。

2.1 上相的必备条件

我们常说，有些人拍照很上相。那么，上相的人到底具备了哪些条件呢？在学习液化之前，我们要先来了解一下，什么样的五官是美的。

通常情况下我们认为，脸型较小，且五官立体感较强的人会比较上相。难道真的就只有小脸才好看吗？到底什么样的五官才称得上立体感强呢？接下来，我们就来一步步解析上相的必备条件。

2.1.1 小脸的秘密

当我们观看T台秀时，总是会惊叹模特完美的身材比例，九头身、大长腿。事实上，并不是所有模特的腿都那么修长，所谓的九头身比例，有时往往是因为模特的头比较小而已。头比较小，就会显得肩膀更宽，腿更修长，身材比例更加谐调、美观。不得不承认的是，欧美人的头身比例普遍比亚洲人更具优势。

2.1.2 三庭五眼、四高三低原则

"三庭五眼"是我们通常所认为的人的脸长与脸宽的标准比例，符合此比例的脸型，会显得更标致、端庄。

三庭，是指脸的长度比例。即把脸的长度三等分，从前发际线至眉骨、从眉骨至鼻底、从鼻底至下巴，分别被称为上庭、中庭、下庭，每段长度各占脸长的1/3。当脸长比例符合此比例标准时，会使人脸看起来更舒适、更大方。

如果三庭比例不够谐调，除了在后期修图时通过液化或改变其长短比例之外，在现实生活中，我们也可以通过一些改变来让自己变得更美。

如果上庭偏短，可以尽量露出额头来拉长上庭，比如把头发扎起来，露出额头的最高处。这样做可以让人显得更年轻、更活泼、更高贵。此外，你也可以改变眉形，比如将上挑眉变成平眉，拉低眉毛的位置，这样做也会让上庭显得更长一些。如果上庭偏长，可以利用头发遮一遮。比如留刘海，将刘海的分线开在额头较低的位置，将额头的最高点用头发遮盖住，从视觉上降低发际线的高度。

中庭对人的气质影响较大。如果中庭偏短，可以选择挑眉来增加中庭的长度。也可以利用化妆技术，通过增加鼻梁的高度来增强鼻子的立体感，这也会在视觉上让中庭显得更长。如果中庭偏长，则可以选择平眉来缩短中庭的长度，让人更显年轻。

插画／俞渔

  下庭还可划分为三个部分：人中、嘴巴、下巴。如果人中过短，人会显得天真、稚嫩，虽然不是很完美，但也称得上是一种特色。如果人中过长，则会显得年老。我们可以通过化妆，将上唇画得厚一点，在视觉上缩短人中的长度。如果下巴过短，会使人的五官整体显得靠下，接近婴儿的比例，会让人看起来不够精致、成熟。可以通过化妆，将下唇画得薄一点，提亮下巴尖，在视觉上拉长下巴的长度。

  五眼，是指脸的宽度比例。以眼睛的长度为单位，将脸的宽度五等分，两眼之间的距离恰好为一只眼睛的宽度，两眼外侧至左、右侧发际的距离各为一只眼睛的宽度，每段距离占脸宽的1/5。

  然而现如今，这个标准也有了一些更新和改变。比如，如果眼睛的长度略大于脸宽的1/5，会显得更大、更有神。而眼尾至左右两侧发际的距离略小于1/5，也会更好看。

　　三庭五眼，是指脸部正面的比例结构。而四高三低，则是评判脸部结构立体与否的重要标准。

　　四高，是指人脸侧面结构中四处突出的地方。第一高，是指额头，即我们常说的天庭饱满。第二高，是指鼻尖，即鼻梁要挺。第三高，是指唇珠，即上唇正中呈珠状的位置要突出。第四高，是指下巴尖，理想的下巴长度约占整个脸长的1/5。从侧面看，下巴尖应与眉心在同一垂直线上，下巴过长或过短，过翘或过凹，过宽或过尖，都不好看。

　　三低，是指人脸侧面结构中三处凹陷的地方。第一低，是指两只眼睛之间、鼻额交界处，必须是凹陷的。第二低，是指唇珠的上方、人中沟是凹陷的。美女的人中沟通常都很深，人中脊较明显。第三低是指下唇的下方，有一个小小的凹陷。

　　综上所述，四处突出与三处凹陷，相互交错的视觉对比，会让人的侧脸更显凸凹有致，非常立体。三庭五眼，构建了人脸正面的和谐美；四高三低，构建了人脸侧面的线条感和立体美。因此，三庭五眼和四高三低便成为我们衡量一个人五官美不美的重要标准。

2.1.3 综合因素

除了三庭五眼和四高三低的比例之外,还有几个因素会影响我们的视觉感受。

1. 眼睛

一张照片,无论多么花哨,人脸始终是我们的视觉重心所在,而眼睛又是五官的重中之重。我们常说,眼睛是心灵的窗户。观察眼睛,是最能洞悉一个人内心深处的情感的。当我们观看照片时,其实主要就是在观察和分析画面中人物的面部表情及眼神。

下面我们就来了解一下,什么样的眼睛被认为是美的。

杏仁眼:顾名思义,就是指形状像杏仁一样的眼睛,又称标准眼。杏仁眼的线条轮廓有节奏感,睑裂宽度比例适当,眼瞳眼白比例适当,外眼角朝上,内眼角朝下,眼角比较钝圆,眼神干净清澈,常给人清纯之感。因此有"柳眉杏眼,唇红齿白,楚楚可人"的说法。

代表人物:宋慧乔、张柏芝、贾静雯

丹凤眼:在中国的传统观念里,丹凤眼被认为是最妩媚、最漂亮的一种眼型,具有典型的东方美。丹凤眼的形状细长,眼裂向上、向外倾斜,内眼角内勾,外眼角上挑,眼尾很长。概括起来就是细长、尾挑、神收。丹凤眼多为单眼皮或内双,《红楼梦》里的王熙凤便生了一双丹凤眼。

代表人物:刘雯、孙菲菲、杜鹃

桃花眼:桃花眼是非常完美的眼型,眼大而修长,上眼皮弯曲弧度较大,双眼皮又深又宽,内眼角尖而内陷,外眼角细而略弯,眼尾略弯且上翘,笑起来像月牙儿的形状,像流水一样有自然的波动。配合长长的睫毛,眼神梦幻迷离,似醉非醉,十分勾魂。

代表人物:胡歌、张国荣、杨幂

2. 眉毛

眉毛的形状多种多样,常见的眉形有标准眉、柳叶眉、上挑眉、一字眉、八字眉等。

一对修长的眉毛,眉尾与鬓角发际线之间的距离相对更近,眉长与整个脸的宽度比较大,可以让人脸看上去更瘦、更窄。

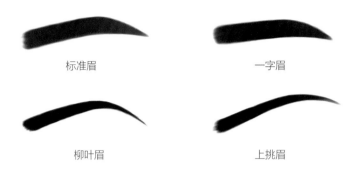

标准眉是最显自然大方、精神漂亮的眉形,适应性广,大部分女明星都是这种眉形。标准眉的眉头等于或略低于眉尾,眉峰在眉毛的2/3处。前1/3的上轮廓平直往上,略带一点弧度。到眉峰的位置,线条开始平缓向下,直到眉梢。整体轮廓线条流畅,整条眉毛平缓中略有起伏。较一字眉而言,起伏稍大,较柳叶眉而言,整条眉毛更显平直,介于二者之间,中和了一字眉的年轻气质和柳叶眉的精神妩媚。

一字眉,弱化了眉峰,眉形平直自然。会显年龄小、脸型缩窄,看起来无辜、柔和,适合瓜子脸的脸型。

柳叶眉,整个眉毛呈拱形,线条流畅,眉头、眉尾基本持平,眉峰在眉毛的2/3处,可以让人显得精致、秀气,更具女人味。适合五官立体、轮廓感强的脸型。需要注意的是,眉尾不能低于眉头,眉形也不能太细、太长,否则会显得老气。

上挑眉,眉头下降,眉峰拉高,起伏明显,眉形上挑,强调轮廓感,会让人显得更加妩媚、有女人味、更有精神。上挑眉适合圆脸和五官不够立体的人。

3. 眉眼间距

眉毛与眼睛之间的距离越近,给人的感觉越犀利、越阳刚。当眉毛与眼睛的间距较近时,眉眼就像是混为一个整体,从而在视觉上增大了眼睛的面积。反之,眉毛与眼睛之间的距离越远,给人的感觉就越阴柔。

由于眼睛和眉毛的外形非常具有辨识性,所以在实际的修图过程中,我们并不会做很大的改动,只是做适当的调整而已。

4. 卧蚕

在我们的下眼睑处,有一条像是一个横卧的小蚕一样的凸起,我们称之为卧蚕。注意卧蚕并不是眼袋,卧蚕在眼部的作用是增加阴影面积,丰富眼部的内容细节,增加下眼部的视觉面积,从而达到让眼睛看起来更大的视觉效果。

5. 鼻子

鼻子是五官中最重要的部分,在很大程度上决定了五官好不好看、立不立体,关乎到人脸正面和侧面的角度及轮廓。立体、挺直的鼻子,是大多数人的追求。然而男性和女性的鼻子还是有区别的。男性的鼻梁挺立、稍直,会更显硬朗。而女性的鼻梁除了高挺之外,还应稍有弯曲的弧度,鼻头较鼻梁略高一点、鼻尖微翘,会让侧脸线条更美、更精致俏丽。

从正面看，鼻子应遵循三庭五眼的比例原则。鼻长约为面长的1/3，不宜短小。鼻子在面部的中轴线上，鼻梁应长直、不歪不斜。鼻根呈倒三角形。鼻子中部鼻背整体轮廓收拢立体、不平不趴。鼻宽约为面宽的1/5，鼻翼上窄下宽呈斜形，不肥大、不扁阔，鼻头不肥厚，鼻尖紧致、微翘，不朝天露大鼻孔，也不外弯、内勾。鼻头和两边鼻孔上缘连成的线，如海鸥展翅的形状，因此被称为海鸥线。鼻孔仰视似水滴。

在实际的修图过程中，我们会根据模特的种族、性别、脸型、口型等自身条件，做不同程度的微调，使鼻子轮廓更美的同时，与整个面部谐调。给人和谐、舒适的感觉，是美的首要原则。

6. 唇部

唇部也是构成面部美的重要因素，漂亮的唇部应该具备以下特点：整体比例大小适中、丰盈适度，柔软有弹性、红润有光泽，上唇比下唇略薄，唇线清晰、唇弓如大写字母M一样，有唇峰唇谷，唇珠明显、位置居中，嘴角微翘上扬，整个唇部立体饱满、生动可爱。唇部关乎人的表情，嘴角略上扬，会让人显得可爱、有亲和力。

7. 下颌骨

下颌骨的形状是决定人面部立体与否的重要因素。人脸在照片中是否显得立体，主要取决于下颌骨的形状。同时，下颌骨的生长情况，还决定了下巴、颧骨、两腮、鼻梁及嘴唇的轮廓。通常我们所说的下颌骨的宽窄，就是指腮帮的大小，这直接决定了脸型的宽窄。

标准的美女脸，从正面看，应是一个对称的鹅蛋形，无明显的硬棱角，但额头、鬓角、发际线、颧骨和下颌骨等处，都应有线条的起伏变化。下颌骨的宽度应略小于额头的宽度，额头的宽度再小于颧骨的宽度。这样的脸型，会让人感觉和谐、舒服、清秀、唯美，又不失个性，代表现代的审美倾向。从侧面看，下颌骨应是一个约呈120°的黄金夹角，夹角柔和，过渡自然。夹角过大，便成为大方脸；夹角过小，则成了我们通常所说的锥子脸。男性的下颌骨线条应当更硬朗一些，因此侧面的夹角相对女性而言会略小。

8. 发际线

有人会认为,额头发际线的高低会直接影响人脸的大小,其实这是一个错误的观点。有时候,当你把额头发际线向下液化时,反而会使人脸变圆,让模特看起来变得更胖。

除了额头发际线外,鬓角发际线也会影响到人脸的视觉面积。当眉毛与鬓角发际线的距离较近时,会丰富这一区域的内容,让侧脸显得较小。另外,值得一提的是,侧脸的发际线轮廓,应有转折和变化,不要接近一条直线。

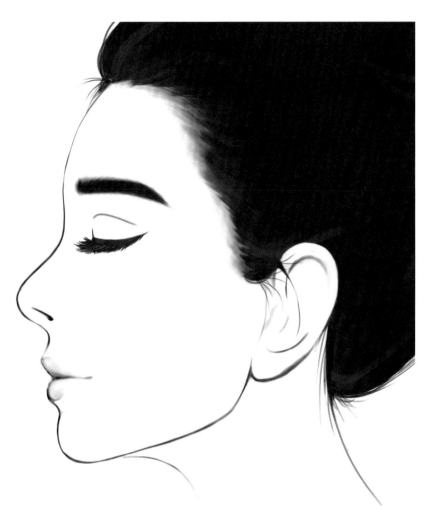

综上所述,一个人上不上相,是受综合因素影响的。不上相,可能正是因为不具备上述的某些条件。当我们能够准确分析出原因之后,就可以通过后期处理软件做出适当的调整,帮助他看起来更加美观。

2.2 液化工具的应用

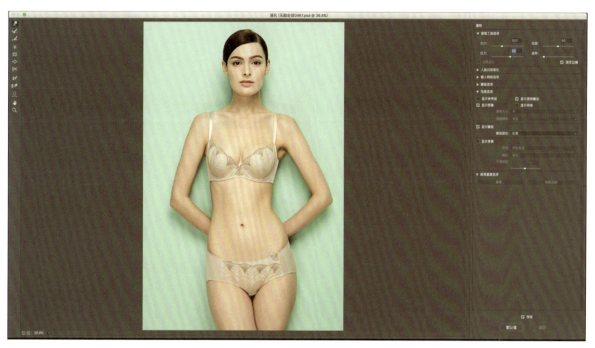

摄影 / 石伟伟

首先,打开液化界面,选择合适的画笔大小,浓度和压力设置在50～60范围内。数值太小,液化的地方容易虚,清晰度不够;数值太大,边缘线条容易不流畅。所以在液化时,一定要选择合适的浓度和压力。

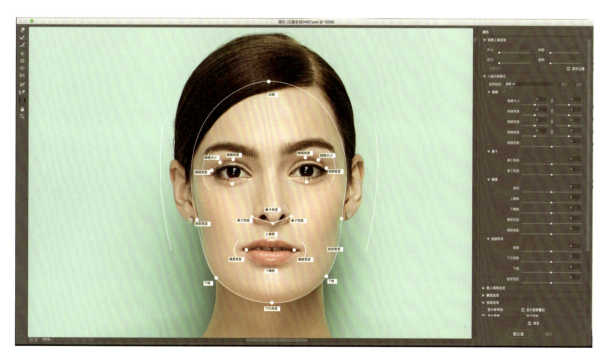

1 在进行人脸液化时,有一个新工具:脸部工具。脸部工具可以自动识别出人的脸部,并给出参考线和参考点。当你液化一侧时,另一侧会自动同步液化。脸部工具主要有几个大的选项:脸型、眼睛、鼻子、嘴唇。

2 你也可以直接在右边的菜单栏中选择人脸识别液化,四大项下都有详细的选项,比如改变眼睛的大小,改变眼睛的宽度和高度,改变眼睛的斜度和双眼之间的距离。你可以单独改变其中一只眼睛,也可以链接同步,非常方便。

3 我们可以适当改变模特上、下嘴唇的厚度,嘴唇的宽度和高度,还可以上提嘴角,让嘴角有一个上扬的弧度,这样会让她看起来更阳光、更具亲和力。

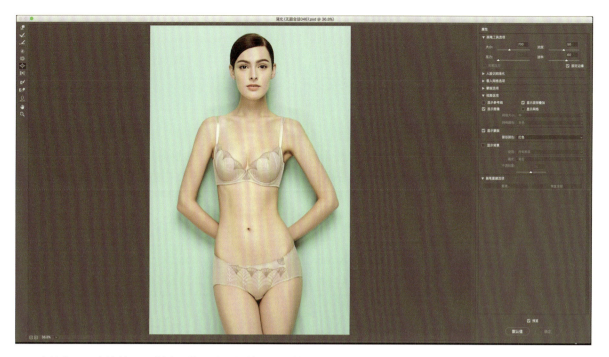

4 在液化界面左边的工具栏中，第五个是褶皱工具，第六个是膨胀工具，主要用来改变凸凹的变化。比如，利用膨胀工具对胸部进行膨胀，可以让胸部变得更突出、更丰满；利用褶皱工具对小肚子进行收缩，可以让小肚子收进去，让人显得更瘦一些。

5 在液化界面左边的工具栏中，第八个和第九个工具分别是冻结蒙版工具和解冻蒙版工具。当我们用大画笔对脸型进行液化的时候，可能会影响到模特的眉毛和眼睛，这时候就可以利用冻结蒙版工具对眉毛和眼睛进行冻结，这样在液化周边区域的时候，就不会影响到眉毛和眼睛了。

2.3 液化的流程

骨骼支撑起整个人体的框架，大部分骨骼被肌肉包裹着。起伏的肌肉构建了身体各部位的具体形状，但在关节处和肌肉覆盖较薄的地方，骨骼的结构就会比较明显，我将这种突出的部位称为骨点。在液化时，你必须清楚地了解人体骨骼的结构和人体肌肉的分布，找准结构，才能将人像液化得真实、自然，否则可能会出现畸形。

脸部

这里我们主要讲的是正面的脸部液化。正面的脸部液化有6个重要的骨点，即下图标示出来的1～6，其中5-6、3-4、1-2分别为3对左右对称的点。

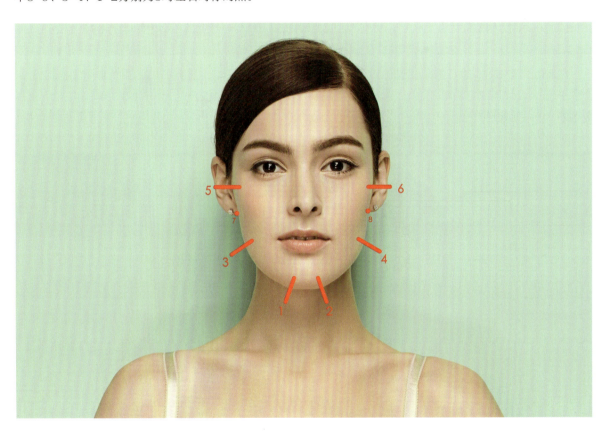

1. 下颏骨

首先，下颏骨的骨骼结构并不是尖的，下颏骨处有两个转折的对称骨点，即上图中的1和2处。男性的两骨点间距较宽，形成较方的下巴轮廓；女性的两骨点间距则较窄，下巴略显尖一些，但底部还是会带有弧度的。

在液化时，要先确定这两个点的位置。如果模特的下巴太短，可适当向下拉伸，液化出骨点后，再液化出圆弧，这样液化出的下巴就会显得很自然。如果模特的下巴太圆，可以把这两个骨点外面的线条略往里收，使其有一个内凹感觉的小线条走向，这样就可以让下巴显得更突出、更精致了。

2. 下颌骨

下颌骨骨点的位置大约在从耳垂到下颏骨点之间的上1/3处，即上图中的3和4处，位置偏上或偏下都不好看。下颌骨的宽度应略小于额头的宽度，太宽会显得脸方，太窄则会显得脸太尖。

确定了下颌骨骨点的位置之后，我们先将下颏骨骨点到耳垂之间的线条液化得更圆润，让线条整体流畅自然。注意保留下颏骨骨点外的小内收结构。从正面看，男性下颌骨整体更宽、更硬朗；女性则更窄、更圆润。 从侧面看，男性下颌骨骨点更明显、突兀，夹角更小、更硬朗；女性下颌骨骨点则更圆润，夹角更大、更柔美。

3. 颧弓

颧弓位于面部中间的外侧，颧骨后面和耳朵前面的骨形凸起，即上图中的5和6处。颧弓的宽度应略大于额头的宽度。颧弓过宽，脸会呈菱形，面部轮廓不够柔和，所以我们通常会将其适当收窄，使颧弓的宽度与五官比例更谐调。

液化的时候需要注意，不能直接液化颧弓的线条，这样脸部轮廓会变成规则的椭圆形，少了线条的起伏变化，失去美感。而是应该用大画笔连带耳朵一起往里收，保留颧弓的突出和线条变化。注意，在进行这一步时，不能液化到五官，特别是离得很近的眉毛和眼睛。

通过上面6个骨点的定位，脸型的液化就基本完成了。此方法液化出来的脸型，不方、不圆、不菱，不肥圆，不刻薄，线条流畅有变化，整体自然、真实又美丽大方。

4. 额头和发际线

额头不能处理得过宽或过窄。比颧弓略窄、比下颌骨略宽即可。液化的时候会带动发际线，注意保留发际线线条的走向和变化。额头部分的液化，要避免看起来很圆或很方。

5. 眼睛

前面我们讲过几种漂亮的眼形，在实际液化中，不会随意大动眼形，只需要适当弥补不足即可。液化眼睛时，有几个注意的点：左右眼大小要一致，避免出现大小眼。左右眼的形状和位置要基本对称。眼睛的线条过渡尽可能圆润、自然。避免出现内眼角和眼尾太过下塌或上挑，那样看起来会显老、不精神或过分妖媚。避免露出过多的下眼白。注意瞳孔的形状和透视。卧蚕形状要匀称，尽量与下眼睑接近平行。

6.眉毛

在液化眉毛的时候,要注意眉形,根据模特的脸型和气质,决定液化的方向。液化眉毛时,有几个注意的点:左右眉毛的长短、形状和位置要基本对称。修长的眉形通常会更好看。眉头和眉尾要尽量持平,眉尾不能太耷拉,那样会显得老气。眉毛的粗细变化要流畅均匀,眉头不要太粗。眉峰和眉尾要有起伏变化。男性的眉毛要比女性眉毛的线条更粗、更硬朗。

7.鼻子

在液化鼻子的时候,有几点需要注意:鼻子整体要挺直、不歪不斜。要注意鼻子轮廓线条的起伏变化,尽可能使其看上去更立体,不要太低太趴。鼻头不要太大,鼻翼不要太宽,鼻孔不要太大或上翘。男性的鼻子要比女性的更挺立、硬朗。

8.嘴唇

在液化嘴唇的时候,需要注意以下几点:嘴唇要不歪不斜,要左右对称。嘴唇的大小比例要合适,线条要圆润流畅,结构要清晰丰满。注意不要让嘴角下坠,那样会让人的表情看起来很愁苦。上翘的嘴角则会更有亲和力。

9.头发

发型对于一个人的精神气质影响非常大,且发型变化多样,没有固定的液化标准。发型的液化,最主要的就是要体现出造型感。我们首先要了解当前发型的特点,突出其特点即可。需要注意的是,头发的质地本身是比较柔顺、有弹性的,加之女性柔美的特点,在突出造型感的同时也要保持线条的流畅和柔美。

另外,头发是有一定重量感的。常规的发型,头发的重量主要集中在耳朵以下的部分,因此头顶不能太大、太方,那样会显头大。头顶也不能太扁太趴,会显得没有气质。想要让人显得更精神,可以适当将头顶的头发拉高。

头发的整体造型,应当是上小下大,不能太方也不能太圆,突出造型感,要美观、自然。如果是直发,发丝的线条要尽量顺直、流畅,体现出头发本身带有的弹性。如果是简洁清爽的发型,如马尾辫,液化要干净整齐。如果想要的是比较有仙气的感觉,有几缕飘的头发,那就把这几缕飘头发的线条液化得更柔美、更飘逸。如果是梨花头,要注意上直下弯、线条流畅。如果是卷发,就要强化线条圆润柔软的波动感觉,卷发整体有蓬松感,发梢微微翘起。如果是爆炸头,那就让头发再爆炸一点,加强爆炸的效果。如果是复古波浪卷,除了要注意波浪之外,还可以再加强一下发梢的甩尾,会让人更具风情。

躯干部分

在液化身体时,如果遇到线条坑洼不平的地方,可以先将线条液化流畅,再进行整体流线的重新塑造。注意在液化时,一定不要出现曲折的线条。你可以打开"显示背景"选项,和原图对比着液化,做到液化得真实有度。

女性的肌肉不发达,身体的整体轮廓线条更加圆润、流畅,曲线分明,更加柔美。在液化的时候,我们应当在突出女性柔美的同时,适当保留一些骨骼本身的凹凸感,丰富细节的同时,让女性看起来更瘦一点。

男性的身体线条则整体更简单、更硬朗，液化的时候，我们要保留肌肉硬朗的线条感。整体来看，女性的身型肩窄、骨盆宽大，而男性的身型则是肩宽、骨盆窄，呈倒三角形。

10. 脖颈

女性的上斜方肌(连接肩膀和脖子之间的肌肉)并不发达，更纤细修长，线条更圆润。男性的斜方肌则很发达，脖子更粗，线条更硬朗，有喉结。在液化的时候，一般会适当将脖子液化得细一点，下压斜方肌，让脖子更显修长纤细。

11. 肩膀

在液化肩膀时，需要注意几点：女性的肩膀较窄，更显柔弱，要避免让肩膀看起来过宽。肩膀的角度是略往两端倾斜，避免平肩和溜肩。锁骨表面的肌肉较薄，骨形比较突出明显。在肩膀上有凸起，液化的时候注意保留。

12. 腰部

相对于胸部和臀部，我们首先要液化的是腰部。因为腰线处没有骨骼的支撑，是躯干最纤细的地方。女性的腰线较高，内收的曲线线条明显，最细的位置大约在肚脐上方2公分处。女性的腰部纤细，处于三围的中间位置。对比之下，腰细更能突显胸大和臀翘，令曲线更加完美。从侧面看，纤细的腰部曲线，更能突显胸的前凸和臀的后翘，因此，液化腰部的重点在于，要适当地将其液化纤细。

13. 胸部

丰满的胸部是女性最重要的特征之一，胸部位于第2至第6肋骨间，覆盖着厚厚的脂肪，呈球形。圆润、挺拔、丰满、匀称且富有弹性的胸部，构成了女性特有的曲线美，会让女性的身材显得凸凹有致。因此，液化胸部的重点在于，要将女性的胸部液化得丰满、挺拔。

液化胸部时，有几点需要注意：两侧胸部的大小、形状、位置要对称一致。胸的位置不要高于腋窝水平线。胸部一定要挺拔，不能有下垂的感觉。乳沟的两个弧形轮廓线越近越显得丰满。从侧面看，胸部线条的起伏明显，最高点大约在肩膀和胳膊肘的中间位置。

14. 臀部

骨盆是躯干最下面的骨骼，呈一个盆形。女性的骨盆较宽、较圆，所以臀部较丰满，与腰对比，更能凸显腰的纤细。

髋部是女性正面最宽的地方，约等于或稍大于肩宽，线条圆润流畅。腰臀连接处的髂骨两侧向外凸起，在体表形成明显的凸起，也就是我们腰带挂着的两侧骨头，液化时注意线条的流畅。

另外，在液化的时候，可适当提升裆部的高度，并将部分髋部线条转换为大腿线条，这样可以让人的下半身更显修长。从侧面看，女性的臀部脂肪较厚，形成饱满圆润的轮廓。在液化时，可适当丰满并上提，使之显得更挺翘、圆润。因此，液化臀的重点就在于，要将其液化得圆润、挺翘。

四肢部分

15. 腿部

女性的腿部曲线轮廓柔美，整体呈修长的流线型。大腿连接髋部，并覆盖大量脂肪，因此，大腿根处较粗、较丰满。大腿粗于小腿，逐渐变细至膝盖处。注意，腿部不能液化成一个直筒。肌肉多的地方，要保留起伏的线条变化。小腿靠近膝盖处，相对较细。小腿肚则是小腿最粗的地方，位置大约是从膝盖到脚脖之间的上1/3处。小腿线条不要太过突出，但一定要有明显的起伏，这样的上下比例才是最美的。

从侧面看，大腿的整体线条向前凸起，小腿的整体线条向后凸起，形成腿部线条的韵律感。小腿肚处的线条要匀称流畅，不要有太强的肌肉感，那样不符合女性柔美的特点。另外，脚脖处要尽量纤细，脚脖细才能更加突出女性柔美的特质。脚踝连接小腿和脚部，可适当把脚踝液化得瘦一点，转换为腿部的线条。综上所述，液化腿部的重点就在于，要将腿部液化得修长、匀称。

16. 手臂

手臂上有多块肌肉，主要有三角肌、肱二头肌、肱三头肌、肱桡肌等，因此，手臂的外轮廓有很多线条，整体线条流畅，上粗下细。

三角肌连接肩膀，较凸出。女性的三角肌并不是很明显，但有大量脂肪，因此显得更加圆润，液化的时候可以适当收瘦。三角肌连接肱肌处有一个凹点，液化的时候一定要适当保留，这样可以保留胳膊肌肉线条起伏的美感。接着，液化肱二头肌和肱三头肌。液化时同样要注意保留肌肉线条小的起伏变化，让肌肉线条更生动、更丰富。要注意的是，肘部也有一个明显的凸起点，处理时，可以适当保留，线条不要太方、太硬，尽量液化得圆润一点。

17. 手部

手部的液化，重点在于修长、纤细，液化时有几点需要注意：要避免手指太短，可适当将手指拉长。避免手指太肥、关节太粗，可适当液化得均匀、纤细。要避免指甲太短，这会让手指也显得很短，可适当拉长。手腕处有明显的骨点，要注意保留。

2.4 具体液化案例分析

2.4.1 正面液化案例

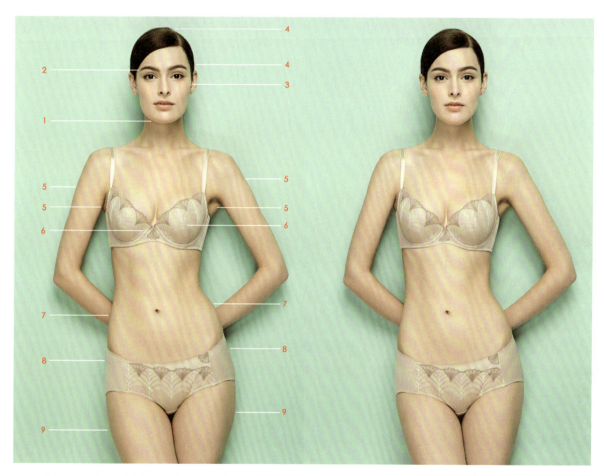

1. 首先修饰脸型。原图中,模特的下巴较圆,整体脸型看起来略方。收窄下颌骨,让下巴突出来。注意不是修成 V 字形的尖下巴,下巴尖是略平的。
2. 将眉尾处微微上提,并将其修得尖一点。
3. 将颧骨处略内收一点,使其面部更符合三庭五眼的比例。
4. 将头顶和耳朵上方的头发线条液化流畅。
5. 将胳膊适当液化纤细,使其匀称的同时,要保留肌肉线条的起伏,收紧腋下。
6. 将胸型液化得圆润饱满,使其左右对称。利用膨胀工具,让胸部更加丰满。
7. 略内收一下髂骨,但仍要保持髂骨是突出的。
8. 将胯部的线条液化流畅,保持线条的圆润、丰满。
9. 将大腿液化纤细,要注意保持线条的流畅感。

2.4.2 侧面液化案例

1. 原图中模特的下巴尖过于上翘，将下巴尖略收一点，使其变得圆润。
2. 原图中，模特的嘴唇过于单薄，因此将上、下嘴唇向外拉出来一点，让嘴唇更显突出、丰满。
3. 将鼻尖略收一点，让鼻尖、唇尖、下巴尖三点更接近在一条直线上。
4. 拉长眼尾，让眼睛从侧面看，显得更大一点。
5. 抬高眉头，收窄眉尾，让眉毛的粗细更加匀称，线条更加流畅。
6. 将颧骨、耳朵、下颌骨整体往里收一点，减少侧脸的面积。
7. 将后脑勺处的轮廓液化得更圆润，可以让发型更有造型感。
8. 将模特左臂的三角肌修瘦，增大肱二头肌，可以让上臂整体的粗细更加均匀、谐调。
9. 将腋下略提高一点，可以让肩膀看起来更小，上臂更细。
10. 将背部和内衣的线条液化流畅，消除勒肉的感觉。原图会让内衣显得不合身。
11. 液化腰部和髋骨之间的线条，收腰，突出胯骨，让臀部的轮廓更上翘。
12. 液化手腕，让手腕处的线条更加流畅。
13. 液化指肚，让手指更显纤细；略拉长指甲，让指甲更显修长。
14. 液化大腿线条，让大腿略瘦一些。
15. 向内略收紧小腹处的线条。
16. 向内略收胸廓，使其不要过于突出。
17. 液化右侧小臂，将其线条液化流畅。
18. 液化胸型，让胸部更加丰满、圆润。

2.5 腿部长短比例的变化技巧

拥有一双修长的美腿是很多人的梦想。毋庸置疑，增加腿长、增加下半身在画面中的占比，会让人显得更高、比例更合理。由于拍摄角度等原因，有时我们需要在后期处理时拉长模特的腿部，以达到一个更好的比例。

大腿和小腿的长度也存在一个完美的比例。通常在视觉上，小腿的长度大于或等于大腿的长度，腿部的比例会更好看，会让腿部更显修长。这也就是为什么女生穿上高跟鞋以后，腿部更好看了。因此，在修图时，我们可以适当拉长小腿的长度，提升膝盖的高度。

然而，许多人对于拉长腿部的方法却存在一些误区。使用了不合理的方式，可能会造成脚的比例过大，或像素的损失，效果都不会好。下面我们就来讲一讲最科学的腿部比例修饰技巧。

模特 / 黄晓萌 摄影 / 张悦

1 打开原图。复制背景图层。

2 选中模特露出的腿的部分（图中的粉色区域）。注意不要将衣服的下摆选中。不要羽化。正常情况下，我们应当选中模特全部小腿和部分大腿，不要将大腿根部选入其中。这样在拉长的过程中，小腿将整体被拉长，而大腿只是部分被拉长，使小腿和大腿的长度比例更加谐调。

3 新建拷贝的图层。按住shift键，垂直下移。下移越多，腿部拉得越长。一定要掌握好度，不要拉得太夸张。

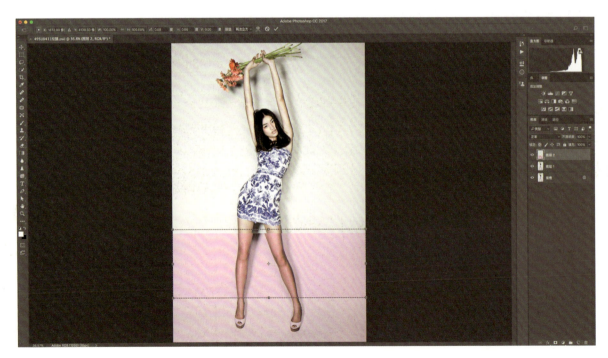

4 选择矩形选框工具，选中从脚脖子往上的全部小腿和大腿区域。然后使用快捷键command + T，自由变换，向上拉长。这样就实实在在地做到了只拉长腿，避免拉出一个超级大脚，也避免了有些同学采用的先将脚拉长再缩小的方法而造成的画质损失。

5 垂直向上拉长选区，将图片放大至200%，准确对齐衔接腿的线条，可以一个像素都不差地完全对齐。确定之后，一定要检查接口处，如果差一两个像素，可以移动图层，对齐即可。

6 观察修后的效果，要做到无缝衔接，脚还是原来的脚，只有腿被拉长了，小腿要比大腿更长。整条腿变得更长，下半身变得更长，整体身材更显修长。上述方法同样可以运用到拉长脖子、拉长手指、拉长头发等环节。

2.6 头部大小比例的变化技巧

我们经常会遇到由于各种原因而导致的模特头部比例略大的情况，比如摄影师使用广角镜头进行俯拍、模特本身发型的原因、模特的肩膀过窄或头本身就很大。因此在修图的过程中，我们就需要重新调整头部在画面中的比例。

大多数人可能会选择直接对模特的头部和脸部外轮廓进行液化，其实这种方法是不可取的。原因是直接液化后，五官和脸的比例是不谐调的。正确的方法是进行等比例缩放。

下面我们就来举例说明。

模特/黄晓萌 摄影/张悦

1 打开原图。这张照片由于模特发型的原因，显得头部的比例有些偏大。

2 将图片放大,选中整个模特头部和部分脖子的区域。注意,选取时一定要尽量选细节较少、无明显线条、容易衔接的地方。选好后,将选区羽化 5 个像素。

3 新建拷贝图层,按快捷键command+T,进行自由变换。按住shift+alt,将选区等比例向中心收缩。这时候,画面中会出现很多断开的线条和缺口。

4 向下移动拷贝图层，微调其位置。尽可能地衔接好下方的中心位置，也就是脖子区域。

5 现在我们开始弥补缺口。在图层1上添加蒙版，然后用黑色画笔涂画无明显线条的区域，如草地、天空，使前后图层可以自然衔接。

6 接下来，我们来修饰有线条的区域。从背景图层上新建复制一段完整的线条，进行角度旋转，使之恰好能连接上现有的线条缺口。

7 用上述方法，依次将图片中所有的断线缺口进行修复。最后，细致地检查一遍并完善细节。

8 最终效果。可以看到，我们将模特的头部稍稍进行等比例缩小之后，会让她的身体比例更显谐调。这个方法同样可以应用到其他部位的调整上。除了等比例缩小，也可以等比例放大。方法简单，但需要你细心去做，注意衔接，不要让画面出现漏洞。

第三章

画面背景的处理

在修图的过程中，除了要修饰好主体人物以外，对于画面背景的处理也需要我们重视。背景可以直接、有效地衬托人物，对背景处理的细致程度会对画面的整体质感有很大影响。在这一章中，我们就来探讨一下常见的背景问题及处理方法，学习如何将画面的背景修饰得自然且符合需求。

首先，我会讲解如何处理白色的背景，同时保留背景中的细节。其次，我会讲解如何让不均匀的背景变得均匀，过渡自然，看起来更加舒服。最后，我会介绍在不同的情况下应该使用怎样的方法进行抠图；如何在边缘过渡均匀的情况下将人物从背景中抠出。

3.1 怎样处理白色背景

我们经常会遇到白色背景的照片，但往往由于前期拍摄时受光线等因素的影响，很难直接拍出纯白色的干净背景。通常拍摄出来的白色背景都会变成接近于白色的亮灰色，这就需要我们在后期修图时将背景变白。没有影子的白色背景修饰起来还相对容易，但如果白色背景中还带有人的影子的话，应该如何去修饰呢？

下面我们就来看一个具体的案例。

模特/黄晓萌　摄影/张悦

1 打开原图，复制背景图层。

2 新建一个阈值图层作为观察图层。可以看到，在调整面板中，默认显示的阈值色阶为128，亮度大于128的区域将显示为白色，小于128的区域则显示为黑色。因此，我们可以利用阈值工具来检测某一区域的亮度值。当我们将数值设置为255时，背景中将没有白色；将滑块向左移到至245时，人物的腰部左右出现白色区域，说明这一区域的亮度在245~255的范围内。

3 隐藏阈值图层，新建色阶图层。将滑块从255左移至245的位置，将高光亮度增加10，就会使刚才阈值为245的区域变成白色。

4 利用套索工具，选中没有人也没有影子的背景区域。这些是完全无关的区域，因为纯白色是一种完全没有细节和层次的颜色，我们可以直接进行填充。

5 将阈值1图层变为可见，透明度调整为10%，把阈值色阶的数值调到255，这样就可以更直观地看到哪些区域是白色、哪些区域不是白色。

6 现在，背景大部分已经变成了白色，并保留了人物的影子。接下来，我们要分两段来将影子部分单独修饰，使其变得自然。先利用套索工具选中画面的上半部分，羽化50像素，并新建拷贝图层。

> 小贴士　如果不进行大数值的羽化，会导致后面提亮的选区和现在的选区之间存在一个亮度的断层。大数值羽化后可以隐藏这个问题。

7 隐藏阈值图层，新建曲线图层，选择白场吸管，点击吸取需要变成白底的背景区域，注意不要选到影子。这时候你会发现，吸取的点将变白，其他区域也随之变亮。

> 小贴士　需要注意的是，不能一次性提亮太多。如图所示，红点区域的亮度大约为220，蓝点区域的亮度大约为245。如果我们将蓝点区域的亮度增加10个值，蓝色区域就可以到达255，变为白色；而红色区域也将变为230，更接近白色。但如果我们对红点区域进行提亮，就需要将亮度增加35个值，才能使之达到255。蓝点区域的亮度已经是245了，我们只需提亮10个值即可达到255。如果提亮了35个值，就会造成25个值的细节损失。尽管依然是白色，但是会把我们想保留的影子的层次损失掉。这就是为什么要分段提亮的原因。

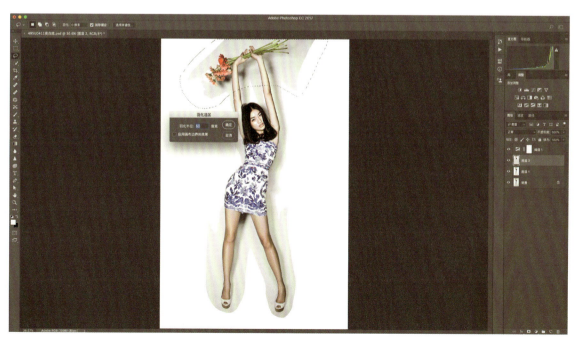

8 将阈值图层变为可见，选中仍未变白的区域，再次大半径羽化50个像素。

77

9 隐藏阈值图层，新建曲线图层，用同样的方法对该区域进行提亮。调整后，右上角的区域还是很黑，这时我们可以用硬度为0的白色画笔对该区域直接进行涂画，使其变白。

10 选择画面的下半部分，将选区羽化50个像素。用同样的方法，继续进行分段提亮。

11 模特脚部周围的影子边界线会比较硬，我们可以对该区域用白色画笔进行直接涂画。

12 合并所有的调整图层，并打开阈值观察图层，放大图像，对影子的四周进行仔细的检查，防止画面出现漏洞。

13 新建蒙版，利用快速选择工具选出人物的轮廓，对人物的边缘和一些细节部位，可以利用画笔工具对蒙版进行修改细化。注意，当背景提亮之后，头发的缝隙处也应跟着变亮，所以不用擦回至原图的亮度。

最终效果。在画面背景变为纯白的同时，人物影子的层次也最大限度地得到了保留，渐变细腻、平滑，无明显断层，整个背景看上去非常自然。

3.2 怎样解决背景中颜色断层或渐变不匀的问题

我们经常会遇到很多照片背景的问题，即由于背景纸本身的质感或打光等原因造成的背景颜色有断层或渐变不匀等问题。在修图的过程中我们就要思考如何将背景修饰得更均匀，从而让整张照片看起来更高级。下面就来举例说明。

模特/高雨璇 摄影/之南

1 将原图导入Photoshop。观察这张照片，背景的颜色让整体画面看起来干净、自然，凸显了清新的氛围。但背景的明暗变化比较大，看上去不够干净、平整。

2 修饰模特的皮肤并进行液化。补齐背景的缺口，将背景上的脏点大致修饰干净。

3 新建一个空白图层，利用吸管工具吸取图片背景中正确的颜色，填充背景并添加蒙版；利用快速选择工具结合魔棒，选出背景的选区，适当羽化，填充黑色，然后反相选区，就能得到一个干净的背景。

4 当然，我们也可以保留渐变的感觉。在填充背景色的时候，选择线性渐变工具，将前景色设置为浅蓝色，背景色设置为深蓝色，调节好渐变的颜色中点，在空白图层上拉出一个接近于原图的渐变效果即可。你也可以应用其他的渐变形式，如径向渐变。这样，可以让画面中的渐变更规则，也可以掩盖原图中出现的背景颜色断层问题。

83

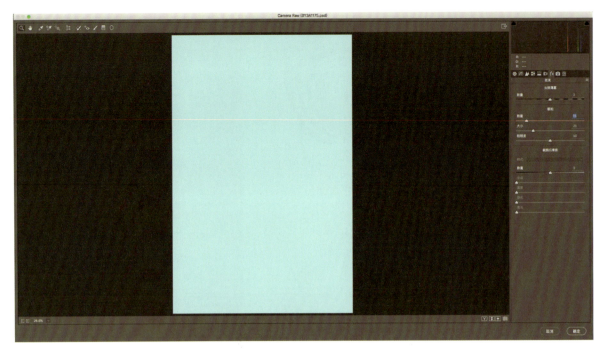

5 新建的背景图层是没有质感的，因此，我们可以利用Camera Raw中的滤镜效果添加颗粒，将视图放大到100%，适当增加数量，并根据原图的颗粒大小和粗糙度调节数值，越接近原图的颗粒质感越好。

6 适当降低背景图层的透明度，少量保留原图不规则的渐变感觉，使调节后的背景更真实。

最终效果。背景的渐变更干净，质感更统一，有效解决了背景颜色断层的问题，让整个画面更显高级。

3.3 怎样抠图

在商业人像照片后期处理中,抠图是一个必须要掌握的技术,我们经常需要通过抠图来替换背景或做其他合成。很多初学者的抠图水平有限,常常会出现边缘过渡不自然,背景的颜色与被抠出的对象混在一起,合成之后边缘能够看到白边、黑边等问题,使整个画面看上去粗糙、不精致。下面就通过具体的抠图案例来说明应当怎样抠图,以及抠图时应注意哪些问题。

摄影 / 张悦

1 复制一个新的图层。

2 利用快速选择工具或魔棒工具选中背景,然后右键点击"选择并遮住",进入调整界面。

3 当前为默认值状态。

4 将视图放大到100%，更便于观察边缘。需要注意的是，不同的服装在抠图时有不同的要求。比如，皮衣的边缘比较硬，也比较好处理；毛衣的边缘则需要抠出柔软的感觉。本案例中的服装，是边缘不规则的布料。

5 检查边缘，勾选"智能半径"将半径设置为10像素，软件会自动检测边缘，做出运算和调整，精确划定选区范围。将平滑设置为2，可以让选区的线条更加平滑。将羽化设置为1像素，可以避免边缘过硬。将移动边缘设置为30%，可以让选区整体放大，避免边缘部分出现白边。

6 选择左上角工具栏中的调整背景画笔工具，涂画半透明的头发区域。软件会自动计算，分离头发和背景。

7 添加图层蒙版。

8 在图层1的下面新建一个空白图层，填充一种背景色，以便观察边缘效果。对比之后可以发现，效果并不理想，头发的层次损失过多，边缘的过渡也不够自然。

9 观察原图可以看出，背景颜色较浅，头发颜色较深，二者对比明显。因此，我们可以用另一个方法来加以辅助，抠出头发。首先，选出整个头发区域，羽化半径设置为10像素。

10 隐藏图层1。拷贝新图层，即图层3。

11 利用曲线图层将背景变为白色的原理，用白场吸管点击背景，将背景变为白色。

12 新建阈值图层，阈值色阶的数值调到255，将不透明度降低到10%，辅助观察是否为纯白底。

13 为了尽可能地保留层次,我们分区域将背景提亮至白色,选中未变白底的区域,将选区羽化30像素。

14 再次提亮最外围区域,可以结合使用白色画笔直接画白色。

15 打开阈值观察图层,确保背景为纯白色。

16 将图层的混合模式设置为正片叠底。正片叠底的特点是可以滤掉白色,保留深色。

17 打开图层1，确保它在正片叠底图层上面，并对蒙版的选区进行微调。适当擦除外面边缘部分，让图层1和图层3上下图层之间自然衔接，不要出现颜色的断层。

18 最终效果。处理之后，我们可以看到，模特头发缝隙里的颜色融合得非常自然，边缘也非常自然，整个画面都很严谨、精致。

19 即便我们尝试换一个背景色，效果依然非常自然。

在这个案例中，我们主要运用了"选择并遮住"工具，先将大部分选区抠出。再利用正片叠底模式，结合原图，解决头发的问题。这也是在抠图技法当中，运用最广泛、效果最好的一种方法。举一反三，当我们遇到一个深色背景、浅色头发的照片时，只需要把头发区域的背景变黑，将图层混合模式改成滤色模式即可。

如果画面中颜色的亮度差异不大，只有颜色差别，我们就可以运用色相差来进行抠图。首先，我们需要了解通道的原理，三通道分别为：红色、绿色、蓝色，其对应的三补色分别为：青色、品色、黄色。画面中的红色色块越红，在红色通道里红色的发光量越多，也就越亮。而青色作为红色的补色，则呈现相反的深色。

例如，一个黄橙色头发的模特站在一片绿色植被的背景前，我们就可以利用补色在单一通道下的亮度差原理进行抠图。我们可以把橙黄色的头发变成红色，因为红色是离橙色色相最近的原色。接着把背景中的绿色变成青色，因为青色与绿色色相较接近，且正好是红色的补色。这样在红色通道下，红色就会很亮，青色则很暗，我们成功地将颜色的色相差在通道里转换为亮度差。先复制一个红色通道副本，利用曲线工具，继续提亮亮部，压暗暗部，加大黑白反差。接着，按住command键+鼠标左键，选出画面的高光区域（即白色区域），适当羽化并收缩选区，然后复制背景图层，添加蒙版，就可以得到黄橙色头发的选区了。

在实际的抠图案例当中，可能还需要结合很多其他方法，处理效果会更好。如果边缘区域较硬，比较智能的工具有：快速选择工具、魔棒工具、色彩范围工具。需要手动处理的工具有钢笔工具，或添加蒙版结合画笔工具擦出选区。当遇到半透明的瓶子或白纱等透明物体时，可以选择色彩范围工具。

第四章

色彩的基本理论知识

　　作为一名商业人像修图师，修饰皮肤、液化，这些只是基本功。想让自己的后期作品上升到一个新的高度，就必须掌握调色的技巧，学会掌控全局。然而很多人却因为缺乏美术功底，对后期调色云里雾里，不知方向。

　　本章，我们就来带领大家学习色彩的理论知识，让大家一步步了解色彩，熟悉色彩之间的关系，提高审美，再结合实际案例，让大家在后期处理时对调色有基本的方向、有依据，直至最终可以运筹帷幄、收放自如地将画面的色彩调得好看、高级。

4.1 美术和光的三原色及色彩关系

想要了解色彩,就必须了解三原色。本章的第一节,我们就来学习光与色彩的形成、美术和光的三原色及色彩关系,从根本上认识色彩。

4.1.1 美术的三原色及补色

美术三原色,理论上是指在印刷、绘画等领域,物体呈现出来的色彩。光源中的光谱成分被物体吸收后所剩余的部分,靠物体表面反射到我们的眼睛里,形成色彩。成色的原理叫作减色法原理。

所谓原色,又称一次色或基色,即用以调配其他色彩且不能再分解的基本色。原色的纯度最高、最鲜艳,可以调配出绝大多数的色彩,而其他颜色则不能调配出原色。

美术三原色:红色、黄色、蓝色
红色+黄色+蓝色=黑色

间色:三原色中,两两调配而产生的色彩称为间色,也称二次色。
红色+黄色=橙色
红色+蓝色=紫色
蓝色+黄色=绿色
橙色、紫色、绿色即间色

复色:也称三次色。是指由三原色调配成的色相。三原色按不同比例调配,可得到多种复色。

12色相环

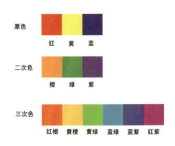

24色相环

色相环是由原色、二次色和三次色组合而成的。色相环中的三原色是红、黄、蓝,在环中形成一个三角形。二次色是橙、紫、绿,处在三原色之间,形成另一个等边三角形。红橙、黄橙、黄绿、蓝绿、蓝紫和红紫六色为三次色,是由原色和二次色混合而成的。

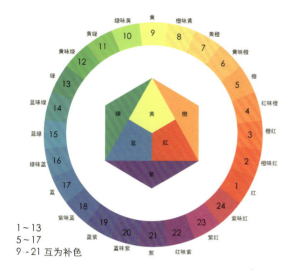

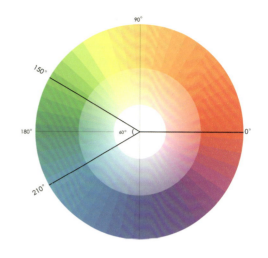

互补色：色环上任意2个原色混合所得的新色（即间色）和另一个原色，互为补色。即一个间色与其正相对的原色（180°）称为互补色。

对比色：色环上任意一种颜色和其相对150°~210°范围内的颜色，都称为对比色。如图所示，处于0°的红色，其对比色在150°~210°范围内。这60°范围内的颜色，都是红色的对比色。

4.1.2 光的三原色及补色

光的三原色

光的三原色，理论上是指在电视、电脑、手机等显示器上显示的颜色。屏幕靠荧光屏上的电子枪发出红、绿、蓝三色光混合后，直射到我们的眼睛里，形成色彩。我们在电脑上观看和修改图片时，其实就是通过改变红（Red）、绿（Green）、蓝（Blue）三原色的混合比例和三通道发光量的多少，达到改变颜色的目的。因此，颜色模式理所当然为 RGB模式。成色的原理叫作加色法原理。

我们的眼睛是根据所看见的光的波长来识别颜色的。可见光谱中的大部分颜色都可以由红色、绿色、蓝色这三种光按不同的比例混合而成，因此，我们将红色、绿色、蓝色称为三基色，即三原色。

光的三原色：红色、绿色、蓝色
红色+绿色+蓝色=白色
光的三补色：青色、品色(洋红)、黄色
　　　　　绿色+蓝色=青色
　　　　　红色+蓝色=品色（洋红）
　　　　　红色+绿色=黄色

在光的色相环中，原色之间两两相隔120°。
红色位于0°——其补色青色位于180°
绿色位于120°——其补色品色（洋红）位于300°
蓝色位于240°——其补色黄色位于60°

4.1.3 光的三原色和颜料三原色的关系

虽然美术教科书上讲的绘画颜料三原色是红色、黄色、蓝色，但在实际生产印刷中，我们发现品色加入适量黄色，可以调出大红色，但大红色却无法调出品色等情况，由此我们得出结论，品色、黄色、青色相互结合，可以调出更多、更丰富、更纯正、更鲜艳的色彩。因此，青色(Cyan)、品色(Magenta)、黄色(Yellow)被认为是更精确的颜料三原色，即印刷使用的三原色。

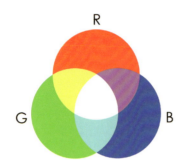
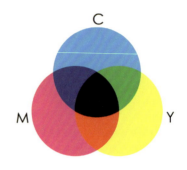

光的三原色：红色、绿色、蓝色

光的三补色：青色、品色、黄色

光的三原色相加，混合成为白色

光的三原色RGB与颜料三原色CMY互为补色关系。

光的三原色（加色法）

红色+绿色=黄色

绿色+蓝色=青色

红色+蓝色=品色

绿色+蓝色+红色=白色

颜料的三原色：青色、品色、黄色

颜料的三补色：红色、绿色、蓝色

颜料三原色相加，混合成为黑色

颜料三原色（减色法）

青色+品色=蓝色

品色+黄色=红色

青色+黄色=绿色

青色+品色+黄色=黑色

美术三原色理论是我们后期调色的理论基础和审美方向。图片怎样调色？往哪个方向调？只有知道美术三原色里的色彩关系，对比色、互补色、近似色等配色原理，才能更好地驾驭色彩。

光的三原色理论是我们调色的实现过程和方法。怎样调出想要的色彩？必须在电脑操作中，在RGB模式下，通过软件对显示器中红、绿、蓝三通道的发光量，进行加减混合，以得到想要的色彩。知道什么颜色加什么颜色可以得出什么颜色，才能更熟练地运用Photoshop软件里的调色工具，实现自己的调色想法。

因此，熟悉并掌握美术和光的三原色原理非常重要。

4.1.4 光与色彩的形成

色彩的形成必须满足三个条件：光源、物体、观察者。首先，必须要有光线，即可见光源、发光体。其次，光线照射到物体的表面，然后反射到观察者的眼中，才能看到这个物体和它的色彩。

例如，我们看到报纸上红色的字，字本身不发光，而是一束可见光源照射在字上，光源的光谱成分包括红、橙、黄、绿、青、蓝、紫等，红色字表面吸收了除红色之外的所有颜色，通过反射最终到达我们的眼睛里，我们就看到红色的字了。以此类推，我们看到白色，是因为物体不吸收任何光谱成分，全部反射到我们的眼睛里，呈现白色；我们看到黑色，是因为物体吸收了所有光谱成分，没有光线反射到我们的眼睛里，物体呈现黑色。

光源是能够在可见光谱范围内发出大量光子的物体。它是一种能量，跟电视或收音机的信号一样，具有不同的频率。它是能产生视觉感受的波。如日光、火光、灯光、显示器、手机等，都是我们常见的光源。

光的频率与波长

光是电磁波，有波长和频率两个特征，电磁波包括一个极广阔的区域，从波长只有千万分之一纳米的宇宙射线到波长用米、甚至千米计的无线电波，都包括在内。不同波长的光的频率也不一样。

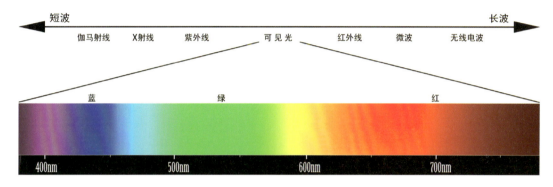

可见光范围：380nm~780nm
波长大于780nm的电磁波是红外线，例如广播电台的无线电波、微波等。
波长小于380nm的电磁波是紫外线，例如X射线、宇宙射线等。

光色	波长λ（nm）
红（Red）	630~780
橙（Orange）	600~630
黄（Yellow）	570~600
绿（Green）	500~570
青（Cyan）	470~500
蓝（Blue）	420~470
紫（Violet）	380~420

生活中的一些用色，也都是有科学依据的。例如，我们常见的警示标志——红绿灯，为什么要将其设计为红色和绿色呢？因为在常见的可见光中，红色的波长最长，穿透空气的能力强，很显眼，便于我们及时、快速地看到。而绿色同样是原色，也很容易被我们识别，同时又与红色的区别很大，易于我们分辨。

4.2 色调的定义和冷暖色调

　　色调是画面上的所有颜色的总体倾向,是画面总的色彩特征,也就是画面色彩配置的总体效果。它是在色与色的相互关系中形成的特定颜色氛围。

冷暖色调的概念

1. 暖色调

● **以红色、橙色或黄色为主的色调**

当观看者看到暖色画面时,会产生一种色彩向观看者移动,好像要从画面中跳出来的感觉。暖色调用作画面的主体比较合适,有助于强化热烈、兴奋、欢快、活泼和激烈等视觉感受。

2. 冷色调

● **以青色或蓝色为主的色调**

冷色调的颜色在视觉上有收缩的作用,用作画面的背景比较合适。冷色调有助于强化恬静、安宁、深沉、神秘、寒冷等视觉感受。

3. 中性色

　　绿色、紫色、黑白灰等颜色给人的感觉是不冷也不暖,故称为"中性色"。

　　另外,色彩的冷暖是相对的。在同类色彩对比中,含暖色成分多的较暖,相反则较冷。

4.3 色彩的基本属性

色彩的三个基本属性分别为：色相、饱和度、明度。我们可以通过这三个属性来定义一个颜色。

三个基本属性毫无差异的同一色彩也会因所处位置和背景的不同而给人截然不同的感受，这种现象被称为色彩的表现形式。正是因为色彩有不同的表现形式，才会给人以冷暖、远近、轻重、膨胀与收缩、艳丽和素雅等感觉。

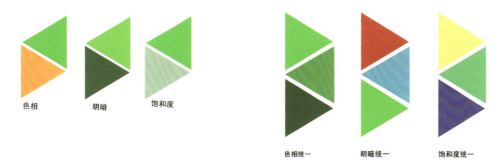

4.3.1 色相

色相，即色彩的相貌。色彩的相貌是色光由于光的波长、频率不同而形成的特定的色彩性质，以红、橙、黄、绿、青、蓝、紫的光谱色为基本色相。

基本色相的秩序以色环形式体现。色环有6色相环、9色相环、12色相环、24色相环、48色相环等，体现多种色彩秩序。

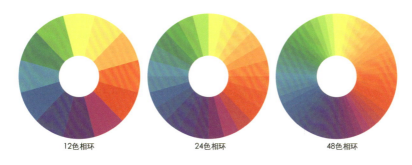

4.3.2 色彩的饱和度

饱和度是指色彩的纯度，色彩的鲜、浊程度，也称纯度、艳度、彩度或鲜度。高纯度的色相中加入白或黑，将提高或降低色相的明度，也会降低它们的纯度。如果加适当明度的灰色或其他色相，也会相应地降低色相的纯度。

原色最纯，颜色的混合越多则纯度越低。如某一鲜亮的颜色中，加入了白色或者黑色，会使它的饱和度降低，颜色趋于柔和、沉稳。

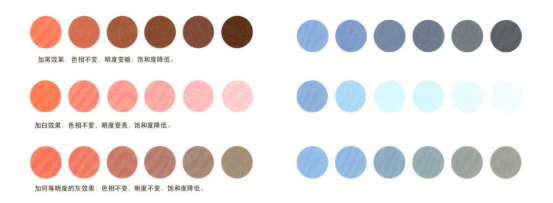

加黑效果:色相不变,明度变暗,饱和度降低。

加白效果:色相不变,明度变亮,饱和度降低。

加同等明度的灰效果:色相不变,明度不变,饱和度降低。

4.3.3 色彩的明度

明度,指色彩的明暗程度。在非彩色类中,白色的明度最高,黑色的明度最低。在白、黑色之间存在一系列的灰色,一般可分为九级。靠近白色的部分称为明灰色,靠近黑色的部分称为暗灰色。在彩色类中,黄色的明度最高,紫色的明度最低。黄色、紫色在彩色的色环中,成为划分明暗的中轴线。

在任何一个彩色中加入白色,明度都会提高;加入黑色,明度则会降低;加入灰色时,依灰色的明暗程度而得出相应的明度色。

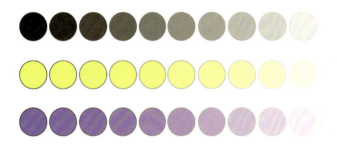

4.3.4 色相、饱和度、明度之间的关系

右图所示为色相、饱和度、明度之间的关系,该立体示意图整体呈现为上下两个扣在一起的相同的圆锥体,上面最顶点为白色,下面最顶点为黑色。两个顶点之间是从白色到黑色的渐变,是无限个灰色。横截面是360°的色相环,分布着360种色相;圆心是灰色,从圆心到周长,饱和度越来越高。有彩色加入白色,明度变亮,饱和度降低;有彩色加入黑色,明度降低,饱和度降低。因此,横截面饱和度的半径越来越小,最后分别渐变成白点和黑点。

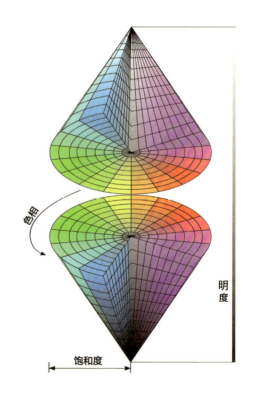

4.4 配色原理

1. 间色

任意两个原色混合所得的新色，称为"间色"。例如，红色+黄色=橙色；蓝色+黄色=绿色；红色+蓝色=紫色。以等量相加产生的橙色、绿色、紫色为标准，三个原色以不同的比例混合，间色也会随之发生变化。

2. 复色

任意两个间色互相混合所得的颜色，称为"复色"。例如，橙色+绿色=黄灰色；橙色+紫色=红灰色；绿色+紫色=蓝灰色。以等量相加得出的复色为标准，两个间色以不同的比例混合，可产生许多纯度不同的复色。

3. 同种色

同一颜色产生不同明度的变化，称为"同种色"。例如，在翠绿色中加白色或加黑色形成的许多深浅不同的绿色，即为同种色。

4. 同类色

两种以上的颜色，其主要的色素倾向比较接近，在色相环上大约在45°范围以内，即称为"同类色"。例如，红色系的朱红、大红、玫瑰红，蓝色系的普蓝、湖蓝、群青等，都属于同类色。

5. 邻近色

在色相环上，任何一种颜色同其毗邻的颜色约在60°范围以内的，即可互称为邻近色。

6. 类似色

在色相环上，90°范围以内、其间含有共同色素的颜色，即称为"类似色"。例如：红色-红橙色-橙色，黄色-黄绿色-绿色。从同类色、邻近色、类似色的含义来看，都是含有共同色素。由于色相对比不强，给人以色彩平静、调和之感，因此在配色时常被应用。

7. 对比色

在色相环上，任意直径两端相对的颜色(含其左右各30°范围内的邻近色)，即可称为"对比色"。

8. 补色

在色相环上，任意两种原色混合所得的新色与另一原色互称为"补色"，也称"余色"。如绿色与红色、黄色与紫色、蓝色与橙色，皆属补色关系。

同色搭配

类似色搭配

对比色搭配

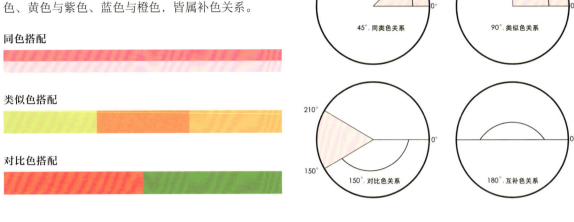

4.5 色彩的感觉特性

4.5.1 色彩的冷暖感觉

红色、橙色、黄色等颜色可使人想到阳光、烈火，故称为"暖色系"。如燃烧的火焰，就算你没看到火，也会联想到红橙色和灼热的感觉。

青色、蓝色等颜色，可使人想到海洋、冰雪、黑夜、寒冷等，故称为"冷色系"。如图所示的冰洞，即便只是看到图片，也会让人产生寒意。

物体通过其表面的色彩就可以给人们或温暖、或凉爽的感觉。例如，红色和橙色给人积极、跃动、温暖的感觉；青色和蓝色给人平静、消极、寒冷的感觉；绿色和紫色是中性色，给人的视觉刺激小，效果介于红色与蓝色之间。中性色彩使人产生休憩、轻松的情绪，可以避免产生疲劳感。

人对色彩的冷暖感觉基本取决于色调。色系一般分为暖色系、冷色系、中性色系三类。色彩的冷暖效果还需要考虑其他因素。例如，暖色系色彩的饱和度越高，其特性越明显；冷色系色彩的明度越高，其特性越明显。

4.5.2 色彩的远近感觉

即便等距离地去观看两种不同的颜色，也会给人不同的远近感。例如，黄色与蓝色都以黑色为背景时，人们往往会感觉黄色距离自己比蓝色近。换言之，黄色有前进性，蓝色有后退性。一般而言，暖色比冷色更富有前进的特性，使人感到距离近，冷色则使人感到距离远。两色之间，明度偏高的色彩呈前进性，饱和度偏高的色彩也呈前进性，显得近；相反，饱和度低、明度低的色彩则呈后退性，显得远。

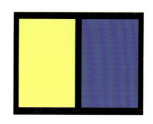

但是，色彩的前进性与后退性不能一概而论，色彩的前进性、后退性与背景色密切相关。如在白背景前，属暖色的黄色给人后退感，属冷色的蓝色却给人向前扩展的感觉。

4.5.3 色彩的轻重感觉

不同的色彩给人的轻重感也不同，我们从色彩得到的重量感，是质感与色感的复合感觉。浅色密度小，给人一种向外扩散、分量轻的感觉；重色密度大，给人一种内聚、分量重的感觉。色彩的视觉重量感按红色—蓝色—绿色—橙色—黄色—白色顺序依次减弱，其中蓝色、绿色、橙色给人的重量感大致相同。

4.5.4 色彩的大小感觉

不同色别，如红色、橙色、黄色、绿色、青色、蓝色、紫色七色中，面积相同时，黄色显得最大，紫色显得最小，红色与青色近似。同一色别中，明度高的显得面积较大，明度低的则显得较小。感觉重的颜色显得小，感觉轻的颜色显得大。

4.5.5 色彩的膨胀与收缩

在生活中，你会发现一个有趣的现象：同一个人穿黑色的衣服要比穿白色的衣服看起来显瘦，这就是色彩的膨胀感和收缩感。由于色彩的差异，能够赋予人不同的面积感觉。这种因心理因素导致的物体表面面积大于实际面积的现象，我们称之为"色彩的膨胀性"。反之，则称为"色彩的收缩性"。

浅色、暖色，是膨胀色；深色、冷色是收缩色。

4.5.6 色彩的艳丽与素雅

如果是单色，饱和度越高，色彩越艳丽；饱和度低，则给人素雅的感觉。除了饱和度外，亮度也有一定的关系。不论什么颜色，亮度高时，色彩的饱和度都会降低，色彩会变得柔和，但相对亮度低时，会显得更加艳丽。所以，高饱和度、高亮度的色彩更显艳丽。

混合色的艳丽与素雅取决于混合色中各方的对比效果，所以对比是决定色彩艳丽与素雅的重要条件。此外，结合色彩心理因素，艳丽的色彩一般和动态、快活的感情关系密切，素雅则与静态的抑郁感情紧密相联。

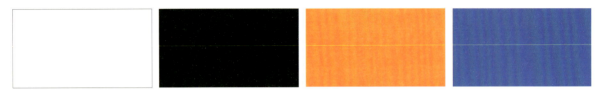

品红 Magenta（热情）
洋红 Carmine（大胆）
宝石红 Ruby（富贵）
玫瑰红 Rose-red（典雅）
山茶红 Camellia（微笑）
玫瑰粉 Rose-pink（女人味）
浓粉 Spinel-red（娇媚）
紫红色 Opera-mauve（优美）
珊瑚粉 Coral-pink（温顺）
火烈鸟 Flamingo（可爱）
淡粉 Pale-pink（雅致）
贝壳粉 Shell-pink（纯真）

高饱和度　　　低饱和度　　　高亮度

4.5.7 色彩的软硬感觉

色彩饱和度和明度的变化细腻、缓慢时,给人以柔软感;反之,饱和度和明度的变化粗犷、急剧时,给人以强硬感。

4.5.8 色彩的动静感觉

红色、橙色能促使人的生物钟加快,给人以动感、激情、热烈的感觉;蓝色、青色则给人一种宁静、松弛的感觉。

4.6 色彩的情感特征

每一种色彩都有自己的情感特征,放在不同的环境之下,与不同的颜色组合,又会有不同的含义表达。很多电影里,某一道具或场景的用色上,都会有创作者的思考,起到让色彩叙事烘托的作用。下面我们就来分析一下常见色彩的情感特征。

1. 红色

红色代表着生命力、血腥、暴力、危险、喜庆、热情、温暖、热烈、爱情、诱惑等。

红色是血液的颜色,代表着生命力,又代表着博爱与勇敢,如红十字会。流血有时也象征血腥、暴力,延伸到危险和禁令,如警告标志。在中国,结婚或新年,一切喜庆的节日,红色永远是主色调。还有我们响当当的中国红,这里的红色代表着喜庆、温暖。运动会上的红条幅代表着热烈、激情。红色的玫瑰花,代表着爱情。红色的火焰,代表着炽热,延伸到力量和进攻性,红色又代表着刺激。除了上述正面含义之外,红色还代表着愤怒、仇恨等负面含义,有时甚至象征着罪恶和死亡。

2. 绿色

绿色代表着新生、青春、稚嫩、生命、清新、平和、活力、健康、毒药等。

绿色是大自然的颜色,是植物的颜色,象征着天然、环保、无污染,如健康食品。象征着安全,如绿色通道。绿色是小草、是新芽、是酸涩果子的颜色,象征着希望、稚嫩、青涩、青春。同时,绿色还象征着生机、活力、心旷神怡,是安定舒适、健康的颜色。此外,绿色还象征着毒药及变质,是极具侵蚀性的色彩。在恐怖片里,绿色也是魔鬼的颜色。

3.蓝色

蓝色代表着开阔、清爽、理智、自由、梦想、未来、科技、忠诚、永恒等。

提到蓝色，我们首先会想到无边无际、宽广开阔的蓝天和大海。我们时常幻想自己是一只鸟或一条鱼，可以自由飞翔或遨游，因此蓝色也代表自由。眺望大海，一望无际，就像我们的梦想，遥远而又未知。未来与科技总是相联的，很多科技公司的Logo都是以蓝色调为主，因为蓝色代表着未来和科技。浅蓝色的水又让人联想到清凉和纯净。下雨的时候，色温有点偏蓝，人的情感也会有点忧郁。在学校或医院，经常可以看到浅蓝色的墙面，因为蓝色可以让人冷静。英国王室的定情信物是祖传的蓝宝石戒指，皇冠上蓝宝石占领了冠顶之位，因为蓝色是尊贵的颜色，既代表了忠诚和永恒，又代表了无上的权力。此外，蓝色也是很多国家国旗的主要颜色，代表着自由、正义。蓝色基本没有负面的象征意义，因此深受大家的喜爱。

4.粉色

粉色代表着柔和、轻盈、温柔、可爱、天真、浪漫、甜蜜、娇嫩、妩媚等。

粉红是一个弱化变白的红色，给人柔软、娇嫩、温和妩媚之感，是典型的女性色彩。它是天真少女的代表色，象征着温柔可爱。粉红还是糖果的颜色，象征着甜蜜和浪漫。

5.黄色

黄色代表着光明、富贵、高雅、灿烂、成熟、酸涩、利己、自私、妒忌、虚伪、歧视等。

提到黄色，我们会想到阳光、光明，想到温暖和灿烂，想到乐观向上。还会想到黄金，因此黄色代表着富贵。古时候，只有帝王才能穿黄色服装，因此黄色代表着权力和高贵。黄色是成熟的颜色，如秋天的丰收时刻。黄色的柠檬，会让我们联想到酸涩。在警示标志里，有很大一部分是黄色，因为黄色比较醒目。除此之外，黄色还代表着很多负面的含义，如嫉妒、猜忌、虚伪、吝啬、自私、利己。

6.橙色

橙色代表着温暖、光明、活泼、温馨等。

橙色介于红色和黄色之间，常常让我们想到太阳，给我们带来温暖和光明的感觉。橙色也是火焰的颜色，因此代表着能量。橙色是鲜艳、突出的色彩，因此也象征着醒目、外向、活泼、富有激情。

7.咖啡色

咖啡色代表着经典、浓重、品位、内涵、智慧等。

咖啡色象征着浓重和品位，是一种怀旧的颜色，代表着经典、内涵与智慧。

8.紫色

紫色代表着神秘、魔力、幽雅、性感、高贵、暧昧、虚荣、肮脏等。

紫色是一个时尚的颜色，充满神秘和幽雅。紫气东来，也代表着神秘祥瑞。紫色是红色和蓝色的混合色，所有的混合色都让人感觉暧昧、不客观。浅紫色是紫色加白，给人柔和的感觉。较深的紫色则会让人感觉很脏，代表颓废、糜烂、肮脏。在动画片里，实验室量筒里的紫色液体通常是有魔法的，因此紫色还象征着魔力。

9. 黑色

黑色代表着庄重、沉稳、智慧、压抑、神秘、死亡等。

黑色的夜晚，充满了神秘和恐惧。我们形容黑色的一天，指的是不美好的、压抑的、不幸的一天。参加某些重要场合的着装，以黑色为主，因为黑色更庄重、沉稳。黑色可以包罗万象，就像黑洞，也代表着智慧。形容一个人黑心，这里的黑色代表肮脏、卑鄙。此外，黑色也代表着腐烂、结束和死亡，是哀悼的颜色。

10. 白色

白色代表着纯洁、通透、高贵、坦率、真理、纯真等。

白色是积极的颜色，代表着完美、理想、真理。白色代表着新生和开始，我们形容某人就像一张白纸，代表着干净、纯洁、通透，也代表着真诚和坦率。白色相对于黑色是轻盈的颜色，因此也代表着空洞、空白。举白旗时，白色代表着投降。

11. 灰色

灰色代表着安静、柔和、艺术、质朴、悠远、无聊等。

灰色是没有个性的中性色彩，处于白色和黑色之间，中庸却又博大。我们说灰色的人生，代表着黯淡、无聊、无作为。灰色是柔和的颜色，有无限的层次和可能，质朴悠远，是很具艺术感的颜色。这就是为什么很多艺术院校的建筑设计都是以灰色调为主。

12. 金色

金色代表着厚重、财富、向往、辉煌、回味等。

提到金色，我们首先会想到黄金，代表着财富、奢侈。比赛得了金奖，这里的金色代表着荣誉和地位。金色的阳光，代表着明快、辉煌。我们说金色的童年，又有珍贵和回味的含义。金色是黄色的一种，意义较为接近。

13. 银色

银色代表着清秀、时尚、冷艳、虚幻、吸引等。

提到银色，我们首先会想到贵金属。银色亮度较高，且高反光，所以显得十分冷艳，很吸引人。银色也是灰色的一种，是很时尚的颜色。

4.7 调色理念：色彩的对比与统一

在一个画面里，色彩是无声的语言。调色，顾名思义，就是对画面中色彩进行调和的过程。在一张彩色照片里，各个颜色之间存在多种关系，但主要可以分为两大关系，即对比与统一。这两个方面互为依存，又相互对立。

色彩的对比关系

色彩的对比关系主要包括：色相对比、饱和度对比、明度对比、冷暖对比、补色对比和面积对比。

色相对比，即色相上的差异对比。红就是红，绿就是绿，画面中色相越多，色彩越丰富多样。

饱和度对比，即饱和度上的差异对比。强烈鲜明的高饱和度色彩，在画面中会更显眼、突出，更跳跃、更透气。我们常说的颜色很正，其实就是指某一颜色的高饱和度色彩表达得很准确。中饱和度色彩相对让人感到温和舒服、经典大方，丰富又不娇艳。低饱和度的色彩则会让画面沉稳、干净、素雅。

明度对比，即色彩明暗亮度上的差异对比。明度对比是色彩构成的最重要因素（也是黑白照片最主要的对比关系），最能体现色彩的层次与空间关系。调节明度对比关系，是我们在修图调色时最重要的环节之一。要想突出某一主体，可提高与周围色彩的明度差。画面的明度对比高，可增加透气、亮丽、轻松感。画面的明度对比低，会显得灰蒙、深沉、庄严、压抑。

冷暖对比，即画面色彩中暖色与冷色之间的对比关系。暖色相对冷色，会从画面中跳出来，更突出；冷色则会从画面中收回去、沉下去。冷暖对比会增加色彩的距离感、空间感，让画面更显通透、立体、丰富。

补色对比，即画面色彩补色对比关系。如万木丛中一点红，是典型的描写红与绿的补色对比关系的语言。补色相混会得到中性灰色，人眼看完了红，自然就会想看与红色相反的颜色——绿色，这是视觉生理所需的色彩补偿现象。互补色相互强调，相互中和，让画面更平衡。

面积对比，即画面色彩的面积大小对比关系。视觉上，同等面积的黄色会比紫色大，同等面积的白色要比黑色大。色彩面积大会给人突出、刺激的感觉；面积小，则容易被忽略，不容易被发现。如果两个色彩的面积大小差距过大，会有一种失衡的感觉；面积完全相等又会产生死板、规则的感觉。

怎样将画面中的色彩调和统一

画面中存在颜色之间的对比，才会更显丰富、生动。如果缺少对比，画面则会显得单调、呆板、灰蒙、浑浊。但是，如果对比关系太大、不够谐调，就会显得过度生硬、突兀，让人看起来感觉不舒服。因此，我们需要将画面中的色彩进行调和，使其谐调统一。

如果画面中的色彩色相对比反差太大，我们可以将两个颜色尽量调和至互相接近，方法就是在颜色A中加一点颜色B，同样也在颜色B中加一点颜色A，使两种颜色彼此更接近一点，达到中和谐调的效果。

如果画面中的色彩饱和度对比反差过大，最常见的方法是适当减弱高饱和度色彩，增强低饱和度色彩。例如，画面的背景中有一块高饱和度色彩，过分突兀抢眼，我们就可以单独对其降饱和度，达到弱化的效果。

如果画面中的色彩明度对比反差过大，可以适当降低高明度色彩的明度，或适当提亮低明度色彩的明度，画面整体的色彩会更显浓郁、厚重。

如果画面中的色彩冷暖对比反差过大，我们可以把极暖、极冷的色彩减弱，适当降低饱和度，或通过改变色相的方法，把接近中性色的冷暖色转变为中性色彩，以减弱冷暖色的面积，达到平衡的效果。

如果画面中的色彩补色对比反差过大，可适当降低二者或其中一种色彩的饱和度，或者将二者的色相往更接近的方向偏移。例如，当我们遇到红色搭配绿色的画面，在红色和绿色中分别加入黄色的元素，使红色和绿色分别转换为红橙色和黄绿色。这样，红橙色和黄绿色不仅是互为对比色的关系，而且还因为混入了共同的黄色元素而有了共性，达到既对立又统一的效果。

如果画面中的色彩面积对比反差过大，可对面积较小的色彩做加强饱和度、降低明度的处理。或者弱化面积较大的色彩，降低其饱和度，提高明度；将面积较大的色彩转换为第三种色彩。

在实际操作过程中，一张照片中会出现多种色彩关系，我们需要根据实际情况灵活搭配、运用对比和统一的关系，才能让你的照片用色更加出众。

4.8 印象派理念

印象派兴起于19世纪60年代，兴盛于19世纪70、80年代。该流派反对因循守旧的古典主义和虚构臆造的浪漫主义，在19世纪的最后30年成为法国艺术的主流，影响了整个西方画坛，并逐渐传播到世界各地。印象派绘画是西方绘画史上划时代的艺术流派，对现代绘画、电影、摄影的用色都产生了深远的影响。代表画家有马奈、莫奈、雷诺阿、塞尚、高更、梵高等。

印象派因莫奈的《日出·印象》而得名。印象派画家倡导走出画室，描绘自然景物，深入原野、乡村、街头进行写生，在自然光下观察，以现场的直观感受为作画依据，表现物体在光线照射下色彩的微妙变化，力求真实地刻画自然。基于"物体的色彩是由光的照射而产生的，物体的固有色是不存在的"这一光学理论，印象派画家认为，景物在不同的光照条件下有不同的颜色，画家的使命便是忠实地刻画在变化的光照条件下景物的"真实"，这种瞬间的真实恰恰就是一种转瞬即逝的"印象"。印象派画家用快速的绘画手法把握瞬间的印象，使画面色彩和光感呈现出新鲜、生动的感觉，把这种"瞬间"永恒地记录在画布上。

印象派除了笔触技法上的革新之外，对我们来讲，最重要的则是用色理念对现代美术的影响。

我们熟知的西方文艺复兴时期的古典绘画，例如达芬奇的《蒙娜丽莎》《最后的晚餐》等，追求刻画真实的自然，重在写实。而我们的国画，追求的则是神韵意境，重在写意。中国画是印象派绘画的影响者之一，因此印象派淡化了主体的细节，强化了色彩因素，不再依靠明暗和线条形成空间感，而是依据色光反射原理，用色彩的冷暖构造空间。印象派绘画在阴影的处理上一反传统绘画的黑褐色，而是改用它们的补色，如有亮度的蓝色、青色、紫色等，以达到冷暖对比效果。

　　梵高是我最喜欢的画家，他的作品色彩鲜艳丰富、绚烂热烈，且空间层次感清晰，画面整体色彩既漂亮又和谐。其中的桥系列，阳光照射的地方是温暖的黄橙色，桥下背光的阴影处则是偏冷的青蓝色。夜晚的露天咖啡座、阿尔勒的卧室、向日葵、星空等系列，画面也都大量运用了黄橙色块和青蓝色块的冷暖对比。除了黄橙色和青蓝色以外，还有梵高偏爱的中性色——绿色。绿色充满生机，显得十分大气，起到了稳定画面的作用。

4.9 电影中的色彩风格

我们看电影时,常常惊叹于电影画面的美。电影作为一门综合性的视听艺术,往往会给我们带来一些启发和灵感。下面我们就来总结一下电影中的色彩风格。

1. 经典主义色彩

源于古典主义绘画,比较传统、成熟,追求色彩的和谐与沉稳,既要表现真实感,又要适当对画面进行提炼和优化。很少用大面积的纯色,讲究灰调子的使用,整体色彩严格控制,色调统一浓郁,有冷暖关系。代表影片有《英国病人》《角斗士》《拯救大兵瑞恩》。

2. 印象主义色彩

源于印象主义绘画,尤其强调色彩的冷暖和色彩的不稳定性。不表现固有色,更多地表现物体在某些特殊光线下的色彩、冷暖。相对于经典主义,大大提高了色彩在画面中的地位,色彩结构能成为画面的主导结构,给予色彩的冷暖极高的重视,是近年好莱坞最主流的色彩风格。代表影片有《雨果》《霍比特人》。

3. 东方主义色彩

强调固有色,强调色彩的稳固性,充满力量。代表影片有《乱》《影武者》《活着》《秋菊打官司》《那人那山那狗》。

4. 构成主义色彩

源于德国的包豪斯理念,特别强调画面中的色彩构成、互补关系、冷暖关系,会做特别的设计。代表影片有《罗拉快跑》。罗拉有着红色的头发,非常显眼,穿了一条低饱和度的绿色裤子,而绿色是红色的补色。画面中还不时出现其他的色块，比如红色的救护车、粉红的管道等。

5. 后现代主义色彩

后现代主义的核心精神是：反权威，反常规，挑战现有的秩序，挑战其他主义，反其道而行。代表影片有《查理和巧克力工厂》。影片有大量高饱和度的色彩，甚至有些生硬，但却突出了戏剧的矛盾，映射影片的主题。也许跟这是一部儿童片也有关系，儿童通常都比较喜欢高纯度的色彩。

6. 黑白

黑白片因为没有或很少有色彩，所以影片整体注重画面黑白灰的影调关系。代表影片有《辛德勒的名单》《罪恶之城》。

7. 综合性的色彩

即在一部影片里包含了多种色彩风格，比如既有经典主义的画面，又有印象主义的冷暖互补色。代表影片有《天使爱美丽》。用色非常自信、大胆、浓郁、极致。

其他推荐的影片：《红高粱》，1988，张艺谋；《大红灯笼高高挂》，1991，张艺谋；《活着》，1994，张艺谋；《英雄》，2002，张艺谋；《东邪西毒》，1994，王家卫；《春光乍泄》，1997，王家卫；《花样年华》，2000，王家卫；《一代宗师》，2013，王家卫；《青蛇》，1993，徐克；《阳光灿烂的日子》，1995，姜文；《刺客聂隐娘》，2015，侯孝贤；《梦》，1990，黑泽明；《被嫌弃的松子的一生》，2006，中岛哲也；《恶女花魁》，2007，蜷川实花；《银翼杀手》，1982，雷德利·斯科特；《末代皇帝》，1987，贝纳尔多·贝托鲁奇；《搏击俱乐部》，1999，大卫·芬奇；《香水》，2006，汤姆·提克威；《赎罪》，2007，乔·怀特；《蓝》《白》《红》，1993，基耶斯洛夫斯基；《月升王国》，2012，韦斯·安德森；《布达佩斯大饭店》，2014，韦斯·安德森；《剪刀手爱德华》，1990，蒂姆·波顿；《爱丽丝梦游仙境》，2010，蒂姆·波顿；《午夜巴黎》，2011，伍迪·艾伦；《生命之树》，2011，泰伦斯·马力克；《亡命驾驶》，2011，尼古拉斯·温丁·雷弗恩；《霍比特人》，2012，彼得·杰克逊；《少年派的奇幻漂流》，2012，李安；《她》，2013，斯派克·琼斯；《超体》，2014，吕克·贝松；《寒枝雀静》，2014，罗伊·安德森；《疾速追杀》，2014，大卫·雷奇、查德·斯塔尔斯基；《八恶人》，2015，昆汀·塔伦蒂诺；《极品飞车》，2014，斯科特·沃夫；《火星救援》，2015，雷德利·斯科特；《变形金刚》，2007，迈克尔·贝；《盗梦空间》，2010，克里斯托弗·诺兰；《星际穿越》，2014，克里斯托弗·诺兰；《蝙蝠侠大战超人》，2016，扎克·施奈德；《爱乐之城》，2016，达米恩·查泽雷；《神奇女侠》，2017，派蒂·杰金斯。

4.10 色域空间

色域：指某种表色模式所能表达的颜色数量所构成的范围区域，也指具体介质，如屏幕显示、数码输出及印刷复制所能表现的颜色范围。自然界中可见光谱的颜色组成了最大的色域空间，该色域空间中包含了人眼所能见到的所有颜色。

4.10.1 sRGB

sRGB(standard Red Green Blue)：是由微软联合爱普生、惠普等影像巨擘共同开发的一种彩色语言协议，提供一种标准方法来定义色彩，让显示、打印和扫描等各种计算机外部设备与应用软件对于色彩有一个共通的语言。这一标准应用的范围十分广泛，许多其他硬件及软件开发商也都采用了sRGB色彩空间作为其产品的色彩空间标准，sRGB逐步成为许多扫描仪、普通打印机和软件的默认色彩空间。同样采用sRGB色彩空间的设备之间可以实现色彩相互模拟。同时，sRGB这一色彩空间也是为Web设计者而设计的，主要应用于互联网的网页浏览。

简单来讲，sRGB就是一个人为定义的行业标准。有了sRGB，大家在不同的地域、不同的显示设备下，观看图片时都能看到统一和标准的色彩。

4.10.2 Adobe RGB

Adobe RGB是一种由Adobe Systems于1998年开发的色彩空间。开发的目的是尽可能在CMYK彩色印刷中利用计算机显示器等设备，在RGB颜色模式上囊括更多的颜色。

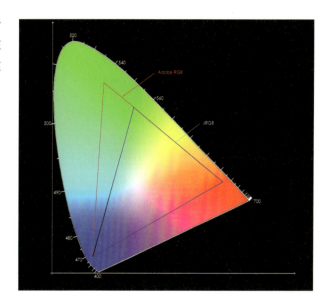

4.10.3 sRGB与Adobe RGB的区别

sRGB与Adobe RGB的区别首先在于开发时间和开发厂家的不同。sRGB色彩空间是由美国微软公司和惠普公司共同开发的标准色彩空间。这两家公司的实力强，产品在市场中的普及率较高，占有很高的份额。而Adobe RGB色彩空间是由美国Adobe公司推出的色彩空间标准，它拥有更加宽广的色彩空间和良好的色彩层次表现，能再现更鲜艳的色彩，与sRGB色彩空间相比，具有更大的色彩空间。Adobe RGB还包含了sRGB所没有完全覆盖的CMYK色彩空间，这使Adobe RGB色彩空间在印刷输出等领域具有更明显的优势。此外，它在图像处理和编辑方面也有更大的自由度。

如果你的图片只是应用于网页、手机等移动端，可直接应用sRGB模式。如果需要印刷输出，希望在最终的作品中精细展现色彩的层次，可先选择Adobe RGB模式；修完照片之后如还需要网络用图，可另外转换为sRGB模式；需要印刷，再另转CMYK四色印刷模式。

若将Adobe RGB模式拍摄的图像直接更改为sRGB模式，影像的色彩会有所损失，会使画面变灰，色彩的饱和度降低。若利用Photoshop软件里"编辑"菜单下"转换为配置文件"的方式，目标空间配置文件选择sRGB IEC91966-2.1，配合使用黑场补偿和仿色，软件经过运算补偿后，会降低图片色彩层次的损失。若将sRGB模式拍摄的图像直接更改为Adobe RGB模式，由于sRGB本身的色域较窄，所以没有变化。

4.10.4 CMYK印刷模式

CMYK模式为印刷模式，其中Cyan=青色，Magenta=品红色，Yellow=黄色，Key Plate(blacK)=定位套版色(黑色)。在印刷中，通常可由这四种标准颜色再现出其他成千上万种色彩。

四色印刷模式是彩色印刷时采用的一种套色模式，利用色料的三原色混色原理，加上黑色油墨，共计四种颜色混合叠加，形成所谓的"全彩印刷"。

小贴士 将青色、品色、黄色三种颜料混合，理论上得出黑色，但实际上并不能得到足够纯和深的黑色。在印刷中，应用黑色的频律最高，为了节约成本和环保，使印刷出来的色域更大，单独加入黑色。

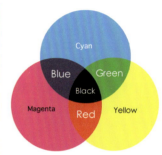

除了常见的印刷四色外，有时为了满足特殊的用途要求，还会用专色来代替CMYK四色混合。专色油墨是预先混合好的特定彩色油墨，会更纯正、更准确。比如，我们常见的烫金、烫银等。

CMYK模式与RGB模式之间最大的区别是，RGB模式是一种发光的色彩模式，而CMYK模式则是一种依靠反光的色彩模式。因此，只要是在印刷品上印刷出来的图像，都是采用CMYK模式来表现的。

4.11 图像的两个重要属性

4.11.1 分辨率

显示分辨率是指显示屏上能够显示出来的所有像素数目。例如，显示屏分辨率为800×600，表示整个显示屏包含480000个像素点。屏幕能够显示的像素数越多，说明显示设备的分辨率越高，显示的图像质量也就越高。

图像分辨率是指在每英寸图像内有多少个像素点，是一幅图像像素密度的度量方法，用PPI(Pixels Per Inch)来表示。对同样大小的一幅图而言，组成该图的像素数目越多，则该图像的分辨率越高，看起来越逼真，可以看到的细节越多，图片质量越高，文件也越大。

扫描仪中图像的分辨率，用每英寸多少点，即DPI(Dots Per Inch)来表示。如果用300DPI的分辨率来扫描一幅8"×10"的彩色图像，可以得到一幅2400×3000像素的图像。扫描的分辨率越高，像素就越多，图像尺寸也就越大。常见印刷中，我们通常选择300像素每英寸，即每英寸里分布300个像素点。单位面积不变，像素数目越多，打印出来的图像越细腻真实。

4.11.2 位深

图像的位分辨率称为位深，是用来衡量每个像素储存信息的位数，用来度量图像的分辨率。它决定了彩色图像每个像素可能有的颜色数，或灰度图像每个像素可能有的灰度级数。

常见的有8位、16位、24位或32位色彩。有时我们也将位分辨率称为颜色深度。所谓的"位"，实际上是指2的平方数。8位指2的8次方，即256。一幅8位色彩深度的图像所能表现的色彩等级就是256级。在Photoshop里，一个色彩的RGB值，每一个通道的最大值是255，加上不发光状态，以0表示，一共有256级。例如，一幅8位彩色图像的每个像素用R、G、B三个分量表示，若每个分量用8位，那么一个像素共用24位，就是说每个像素可以是2的24次方，即16,777,216 种颜色中的一种。

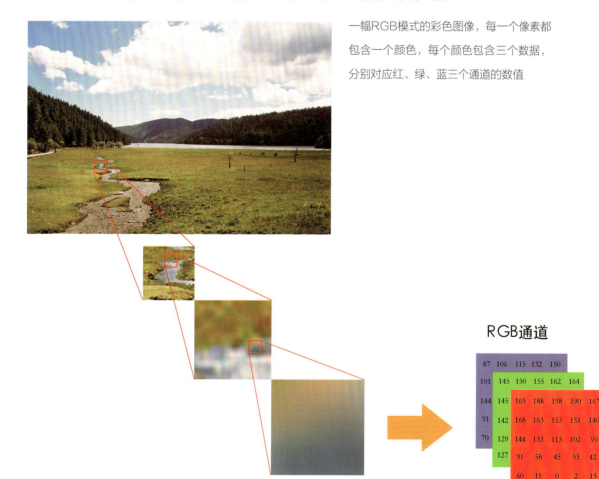

一幅RGB模式的彩色图像，每一个像素都包含一个颜色，每个颜色包含三个数据，分别对应红、绿、蓝三个通道的数值

第五章

Camera Raw
导图流程及案例解析

上一章学习的色彩基础知识,是我们调色的理论根基。接下来,我们将从源头开始讲解怎样一步步对照片进行调色。调色的第一步就是导图,相机拍摄出来的照片是Raw格式,最后的成品必须经过软件的格式转换。常用的导图软件有Photoshop自带插件Camera Raw(同Lightroom一样)和Capture One。两个软件虽大同小异,但也各有所长。下面的两章内容,我们将为大家详细讲解导图的流程和理念,其中第五章讲的是Camera Raw导图,第六章讲的是Capture One导图。

我喜欢在导图软件里多做一些调整,尽可能地完善,因为Raw格式是数字图像的元数据,有最大的宽容度和细节,能发挥的空间很大。当然,做调整时也不能将数据调得太满,要保留一定余地,以便在Photoshop里细化。

Camera Raw导图的大致流程为:

第一步,分析图片。分析图片的主题、摄影师要表达的内容、画面的场景氛围、光线、色彩元素、人物状态、人物服装、人物妆容等。清楚地了解了图片所想要表达的内容以后,结合上一章我们所讲的色彩的情感特征,去思考用哪些色彩搭配更能表达我们的主题。做到在调整前,心中有一个方向。当然,这其中充满了不确定性,你可以尽可能地去尝试,久而久之就积攒了经验。这是一个需要思考的过程。

第二步,观察图片本身的不足之处,先校准大的问题,比如曝光、色温。然后按正常的顺序去完善曝光、对比度,利用高光、阴影、白色、黑色选项调整影调的黑白灰关系。根据实际情况,还可以适当加一点清晰度。接着,校准白平衡、锐化,调整HSL选项下的色相、饱和度、明度,调整分离色调、曲线调色等选项。对整体色调进行微调后,再对局部进行调整。

第三步,重新打开图像,进行微调完善,对比原图,检查是否修正了画面的不足之处,是否保留了画面好的氛围。最后打开图像,进入Photoshop,对色调进行二次创作。导图软件不方便做的,都可以在Photoshop中继续完善。如果这时候你发现导出的图有问题,还可以返回导图软件再次调整。

导图的价值非常高,有时候一张照片在导图的过程中,完成度就已经超过了50%。有些照片在导完图后就已经接近成品了。

5.1 Camera Raw导图流程和工具

导图之前，我们先来认识一下直方图。读懂直方图，你就有了参考和依据。因此，在前期拍摄和后期的调整中，直方图都是非常重要的。

5.1.1 灰度直方图

灰度直方图是灰度级的函数，描述的是图像中该灰度级的像素个数或该灰度级像素出现的频率。横坐标表示灰度级，纵坐标表示图像中该灰度级出现的个数或该灰度级像素出现的频率。它反映了图像灰度分布的情况。

灰度直方图只能反映图像的灰度分布情况，而不能反映图像像素的位置。一张照片对应唯一的灰度直方图，但一个灰度图却可以对应多张照片。在数字图像处理中，灰度直方图是最简单且最有用的工具。可以说，从对图像的分析与观察到形成一个具体有效的处理方法，都离不开直方图。直方图反映了图像的总体性质：明暗程度、细节是否清晰、动态范围大小。

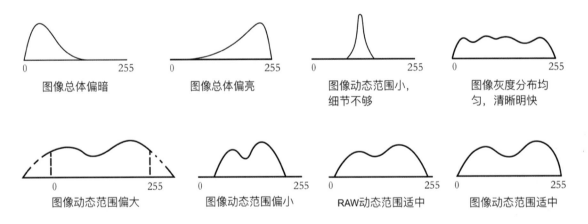

用直方图反映图像的总体性质

前期拍摄时，我们就可以观察直方图。例如，一台有9档宽容度的相机，在拍摄的时候，我们可以拍8档，让直方图的左右两端各留半档余地，如上图中第7个直方图所示。这样在后期修图的过程中，调整完之后就会变成第8个直方图所示的合适状态了。如果直接拍满9档，在后期修图加对比度的时候，画面就会出现修剪。因此，拍摄时观察图像的直方图，让直方图的左右两端各留半档空间，可以让你在后期修图时有更大的发挥空间。

5.1.2 曝光和影调关系的调整

在Camera Raw的基本调整页面中，我们可以通过调整曝光、对比度、高光、阴影、白色和黑色选项，来对画面的曝光和影调关系进行调整。下面我们就结合具体的案例，来进行逐一讲解。

图片来自/广州菏巴途广告公司

这是一张内衣的广告照片,画面中除了模特皮肤的黄橙色、腮红处少量的红色、眼球处微量的蓝色,还有内衣和花的绿色。画面中白色的背景,模特的发型、动作和白纱裙,可以让我们联想到几个关键词:清新、柔和、唯美、梦幻。而这几个词语相对应的颜色分别是:清新的绿色、柔和的粉红色、唯美的白色和梦幻的洋红色

1. 曝光

曝光是对画面亮暗程度的整体调整。如果前期拍摄时画面的曝光比较准确,在后期处理过程中可以不做调整。

曝光+0.25,可以让画面的曝光更加准确

2. 对比度

对比度是指画面最亮的白与最暗的黑之间的亮度反差关系。画面的对比度越大，图像越清晰硬朗，色彩饱和度越鲜明艳丽；画面的对比度越小，则画面越灰蒙，色彩越不突出。

对比度+33，可以让画面更加透亮

随着画面对比度的增加，画面中的亮部会变得更亮，暗部则会变得更暗，画面整体变得更通透。但随之而来的是两个负面效果：第一，最亮处容易过曝或最暗处容易欠曝。在修图中，无论是过曝还是欠曝都要尽量避免。第二，图像饱和度的增加，容易让色彩过分饱和，从而失真。这两个问题都需要结合工具进行适当的修正。

如果原图的光比较小、画面较灰，想让画面表现出透亮、硬朗的感觉，可将对比度的数值适当提高，直到将直方图的两侧铺满。这时候，如果画面整体饱和度过高，可适当降低自然饱和度进行还原。

如果想让画面表现出柔和自然的感觉，保留低对比度的层次细腻感，可根据实际情况稍加一点对比度，或不加甚至降低对比度。这时候，画面的影调细腻，色彩饱和度低，可能会显得有些发灰。适当增加饱和度可减弱画面整体发灰的问题。

3. 高光和阴影

当画面的亮部过亮时，可用高光工具进行补偿。将滑块向左拉，软件会自动选择高光区域进行计算，压暗并补偿细节；当画面的暗部过暗时，可用阴影工具进行补偿，将滑块向右拉，软件会自动选择阴影区域计算，提亮并补偿细节。通过将高光和阴影相结合，可以让画面的高光变暗，阴影提亮，画面亮暗的反差缩小，细节增多。有时候，也需要做让高光更亮、阴影更暗的调节。

阴影+35，可增加暗部的层次细节

高光-80，可恢复人物边缘和背景高亮区的层次细节

4. 白色、黑色与高光、阴影的区别

很多人认为，白色、黑色与高光、阴影的调整效果一样，其实不然。虽然他们的作用方向是一样的，但还是有所区别的。

首先，选区不同。白色和黑色只选择画面中最白和最黑的区域，选区范围更小。当画面出现曝光过度或曝光不足，看不见细节的时候，结合白色、黑色，调节效果更佳。其次，计算方法不同。使用高光工具将画面过分提亮的时候，直方图的亮部细节会在接近白的这一区域自动堆积起来，尽量避免过曝修剪。而白色工具则会直接修剪。对应的阴影和黑色工具也是同样的。

因此，高光和阴影工具相对更智能、更常用，而白色和黑色则相对直接，强加强减，常用作高光和阴影工具的辅助，用到的概率小一些。

一幅画面好看与否，主要受两大因素影响：一个是黑白灰的影调关系，另一个是色彩的色调关系。这两个因素相辅相成，都非常重要。

在黑白灰影调关系中，我们常用曝光、对比度、高光、阴影、白色、黑色等工具来进行调节，通过对曝光、对比度、高光、阴影、白色、黑色的修正补偿，让画面达到一种平衡的黑白灰层次感，使整体影调更自然、更细腻，层次更丰富，整个画面看起来就会更舒服、更耐看。

我们经常会遇到照片中模特穿着白色或黑色衣服的情况。白色衣服容易显得过白，黑色衣服则容易显得过黑。这时候我们就可以运用高光和阴影工具进行修正，但是白色和黑色调到什么亮度才是合适的呢？

利用高光工具对白色进行恢复时，不能恢复得太多，那样白色就会变成灰色。在视觉感受上，衣服还应该是白色的感觉，放大看还是要有细节。而且，恢复太多时，可能会影响到模特脸上的高光，脸部缺少高光就会显得不够透亮。

遇到黑色衣服时，则可以适当添加阴影，增加层次。以全图观察时，最暗部区域呈现黑色的视觉感受；100%视图时，能够观察到暗部的细节层次变化。最好是黑色衣服的亮面呈现深黑色、有亮度，最暗面在缩小看时是黑色，放大看时有细节、层次。

总而言之，白色不能是死白，黑色也不能是死黑。黑、白都要有细节、层次。

白色-11，可继续恢复最亮区域的层次

如果一幅画面显得太闷、不够透亮，可适当提亮白色，直到最白点接近纯白色，这样做可以增加画面的透气感。如果画面显得太飘、不够稳重，可以适当压暗黑色，直到最黑点接近纯黑色，这样可以实现让画面整体沉下来的效果。

例如，有时我们需要将阴影滑块向右拉，以增加阴影处的细节。但这样做，画面的最黑点也会跟着提亮，画面整体会显得过飘。所以，我们必须将黑色滑块向左拉，强制把黑点压暗。这两者并不冲突，相反，画面中整个阴影和暗部的细节都增加了，阴影区域的对比度也增大了。

此外，你也可以试一试，将鼠标指针放在直方图上，直接在直方图上调整。

5.1.3 饱和度、清晰度及锐化的调整

1. 饱和度和自然饱和度

前面我们提到过，将画面的对比度增加时，会带来负面效果，即导致整个画面的饱和度增加。因此，需要我们适当降低画面的饱和度，以还原色彩。

降低饱和度有两种方法。第一种是利用饱和度来降低，第二种是利用自然饱和度来降低。

两者之间的区别是，饱和度是等比例地增高、降低，所有色彩的变化是同步的，降低饱和度最终会变成黑白。而降低自然饱和度，在降低饱和度的同时，会通过计算，适当保留画面中饱和度最高的地方。降低自然饱和度之后，画面中依然保留饱和度的高低层次变化，效果更加自然。这种方式用到的概率更大。

2. 清晰度

清晰度可以理解为一个大半径的锐化。增加清晰度，可以强化画面中的线条，增强明暗对比，增加立体感，使人物更硬朗、皮肤更透亮。降低清晰度，就像加了一层柔光镜，使整体画面更柔美、梦幻。

清晰度+5，可强化画面的明暗对比关系

例如，想要突出男性硬朗的质感，可适当多加一点画面的清晰度（数值10~30），人物皮肤的质感会加强。但要注意，过分增加清晰度会让人物与背景衔接的边缘出现白边、黑晕等负面效果，画面会显得不自然，或是很脏。

如果画面中是女性，本身的形象就很柔美，清晰度可以略加一点，但务必少加（数值0~10），这样人物的皮肤才会柔和、细腻，凸显女性的特点。

镜头吃光的情况下，光线直射入镜头，会让画面显得灰蒙，画质降低。此时画面的清晰度有最宽泛的调节范围（数值10~50），修正后画面会变得透亮、有质感。但有时候，为了保留原图的拍摄氛围，我们也需要适当保留吃光的感觉。一切都是灵活多变的，需要我们视具体情况而定。

3. 锐化

锐化通常可以使照片的细节更加清晰，通过调节数量值的大小，可以看到锐化的影响。常规情况下，我都会在导图的过程中进行适当锐化。以女性为主的画面通常锐化值在50左右，而男人为主的画面锐化值则在60左右。锐化的半径一般选择默认即可，其他无需多做改变。

锐化+51，可以让画面的细节更加清晰锐利

5.1.4 白平衡的调整

白平衡调整包括色温和色调的调整，是整个画面色调调整的基础。

1. 色温

对一个绝对黑体加热，当它发的光的颜色跟某一光的颜色相同时，这个黑体加热的温度，称为该光源的颜色温度，简称色温，单位以K表示。

在Camera Raw的白平衡选项里，色温有两个色彩方向，即蓝色和黄色，主要调节色温的冷暖。

例如，晚上橘黄色的灯光是低色温，晴朗天气下的蓝天和阴天环境下的环境光属于高色温。在现实生活中，我们会经历很多不同色温的场景，所以在色温的选择上会有更大的范围。但是，调整色温的最基本目标仍然是还原准确，色温准确是画面色彩还原正确的必要条件。当然也有很多例外的情况，会故意不按正常的色温进行调整，也就是通过色温的偏移来制造独特的颜色氛围，满足创作的目的。

将画面的色温由4450K增加至4600K，让画面更暖一点

2.色调

色调有两个调整方向，分别是绿色和洋红，用来结合色温的蓝色和黄色调出不同的白平衡。在白平衡的调整里，只有蓝色、黄色、绿色、洋红。三对补色关系中，没有红色和青色。因为红色可以用黄色和洋红搭配调出，青色可以用蓝色和绿色搭配调出。

将色调由-16增加至+4，可以让肤色更显红润健康

色调的调整对肤色的影响最为明显。想让人物的肤色红润一点，可适当加一点洋红；想让肤色呈现古铜色，可适当减洋红，往绿色的方向调整。但是人的肤色无论是过于偏洋红还是黄绿色，都不好看。所以，对于色调的调整，很多时候只是为了还原真实，呈现一个平衡的状态，很少有大的改变，除非是为了呈现某种特殊的色调氛围。

通常情况下，男性的肤色可以重一些、偏黄一些，显得更硬朗、更坚毅。女性的肤色则可以亮一些，相对男性而言，更红润一些，显得更柔美、更健康。

校准白平衡的技巧

1.当我们校准黑、白、灰背景时，可直接用Camera Raw左上方工具栏里的白平衡工具，点画面中颜色的无彩色区域，软件会自动校准补偿，还原色彩。但有时候背景并不是纯正的黑、白、灰，可能会带一点色彩，这就需要根据实际情况再做微调了。

2.还有另外一个参考点，就是参考直方图的波峰部分。比如，画面中本身有一片灰色的区域，在直方图显示里，会有一个波峰的体现，当这一段红、绿、蓝三个波峰基本重叠的时候，也就代表三个通道达到了平衡，基本就校准成灰色了。

3.有时候，画面中没有明确的黑、白、灰背景给我们作参考。如果模特的服装上有黑、白、灰的颜色，也可以用白平衡工具点一下试试，也许可以校准白平衡，或者会给色温提供一个调整的方向。

4.在画面里没有黑、白、灰可以作为参考的时候，我们就必须手动校准白平衡。可以先调到一个大概的位置，然后加色温，直到感觉画面变暖了，然后往回收；当感觉画面变冷的时候倒转回来。如此反复，左右来回加减，逐渐缩小范围，直到色温达到相对准确的值。

5.在色温的选择上，通常会保留原图应有的氛围。例如，室外阳光下的场景，整体色温会偏暖一点，饱和度略高；阴天下的场景，整体色温会偏冷一点，饱和度略低。

5.1.5 色相、饱和度、明亮度的调整

HSL，即色相、饱和度、明亮度，是调整色彩层次的重要工具。我们可以对某一色系进行单独调整，也可以进行色相的偏移、饱和度的增减、明亮度的提亮或压暗，非常快捷有效。HSL一共罗列了8个常见色系：红、橙、黄、绿、青（浅绿）、蓝、紫、洋红。与Photoshop内部调色工具最大的不同是多了橙色和紫色，而橙色恰恰就是人物皮肤的颜色。

明亮度这一选项也是一个亮点，不同于Photoshop内部调色工具中"色相/饱和度"里的明度。这里的明亮度其实更偏向于亮度概念，提亮或压暗明亮度选项的某一颜色，这个色彩会变亮或变暗，会保持透亮和对比度的感觉。而Photoshop中"色相/饱和度"工具里的明度选项，效果的两个极端分别是变白和变黑，对比度变灰。因此，Camera Raw里的明亮度调整更加实用和方便。

在做调整的时候，可以用工具栏里的目标调整工具，先选择你要调整的菜单，比如色相，用鼠标左键点击需要调节的色块，左键按住不松开，拖动鼠标，它会自动帮你识别你要调整的色彩，并根据你拖动鼠标的幅度做百分比改变。

1 这张照片的主角是人，所以我们第一步调整的是人物的肤色，也就是橙色。通过提亮橙色，可以让肤色更突出透亮，人物更突出。通常情况下，调整数值在10～25范围内，一般不超过30。数值过大，可能会发生断层，损坏画质。

橙色明亮度+18，黄色明亮度+6，提高肤色的明亮度

小贴士　如果画面中的主角是男性，橙色明亮度增加的数值就要小一点或是不加，以保留男性肤色的厚重感。希望大家明白，数字是死的，我们在调整的时候，要根据实际情况灵活多变。

提亮人物肤色的时候，可以选用自动调整工具来自动识别选择区域的颜色，既方便又快捷，但要注意，不要选择高光和阴影区域，或腮红、口红等妆容区域，要选择皮肤的基底色，也就是中间调里的明暗交接面的颜色，这样选择出来的肤色更精确。

有时候，将肤色提亮之后，可能会引起整个画面的曝光略过一点，这就需要我们回到前面的菜单，将曝光略微压暗一些，以保证人物的肤色突出、透亮。

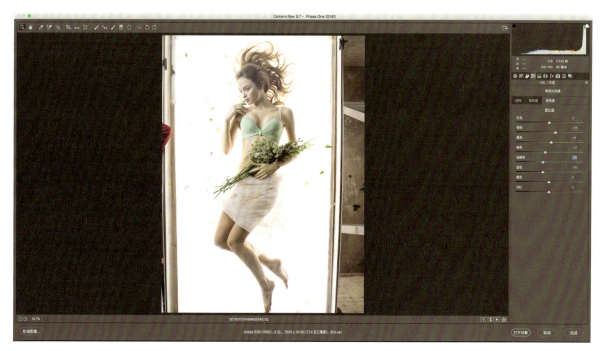

将浅绿色的明亮度-18，蓝色的明亮度-18，绿色的明亮度-12，以压暗模特内衣绿色的亮度和眼珠的蓝色

2 根据实际情况，适当压暗画面中其他色系，比如草地、蓝天等，目的是让除了肤色以外的其他颜色沉下来，变得厚重，这样更凸显人物皮肤的透亮，画面更有对比和层次。但需要注意的是，改变明亮度的同时，饱和度会受到影响，因为亮度越接近中间灰，饱和度就越高。

本张图片中，人物的肤色不均匀，有一些偏绿的黄色，因此把黄色区域的色相向左调整，橙色色相-10，黄色色相-15，使其变成正常的橙色，会使整体肤色更红润健康。将绿色色相+15，是为了校正环境暖光对内衣颜色的影响

3 调整色相。如果人物的肤色太红或太黄，我们可以通过调整色相来进行微调修正。同样，还可以用改变色相的方法来调整画面中天空、植物、海水的颜色，让画面中的颜色更加谐调。

黄色饱和度-20，降低了吃光区域黄色头发的饱和度，会更显自然一些。绿色饱和度+12，浅绿色饱和度+8，增加一些内衣绿色的饱和度，可以让内衣的颜色更纯正、更突出

4 调整饱和度。画面中的某些色块，饱和度太高会显得太过抢眼，很不自然。我们可以适当降低饱和度，以减弱其视觉影响。当某些颜色太过发灰、饱和度太低时，则可以适当增加饱和度，使颜色更加鲜艳、纯净。

HSL转灰度模式

勾选"转换为灰度",图像将转换为灰度模式,呈现黑白效果。但是,我们依然可以对画面原有的色彩进行色相、饱和度、明亮度调整。因此,Camera Raw可以直接导出黑白照片,且可以对各个颜色的层次,特别是色彩的亮度层次做调整。

在Camera Raw里将照片转变为黑白效果,会比在Photoshop内部用黑白调色工具调整,多了橙色和紫色的选项,特别是调整人物肤色的亮度时,可以更细致、精准。

勾选"转换为灰度"后,Camera Raw自动调整的效果

在前面调整的基础上,橙色的明亮度+11,黄色的明亮度+12,可以提亮肤色的橙色和黄色,让肤色更显透亮

5.1.6 曲线调整

Camera Raw中的曲线调整工具，第一栏是参数菜单，参数下有4个拉杆按钮，是系统默认的高光、亮调、暗调、阴影。

高光是接近白色的选区，阴影是接近黑色的选区，亮调和暗调选区范围较大。我们可以利用目标调整工具，选中画面中需要调整的地方，系统会自动识别判定属于哪个选区，再用鼠标左键拖动做调整。通常情况下，将亮调提亮、暗调压暗的情况居多，即呈S形曲线，增加画面的对比度。

亮调+3，暗调+10，让画面的中间调部分更亮

曲线调整工具，第二栏是点菜单。有4个不同对比度的选择：线性、中对比度、强对比度和自定。系统默认为线性。如果我们选中曲线上任意一个点做调整，则自动转变为自定。

曲线的点调法，相对较为复杂，我们会在后面第七章第二节中进行详细讲解。

5.1.7 分离色调

分离色调是一个偏向整体颜色氛围调整的工具，有两个调整选项：高光和阴影。

有时候，一张色温还原正常的图，缺少一点颜色氛围，就会少点味道。我们可以利用分离色调，让画面的高光和阴影得到一些色彩的偏离或统一。常见的方法是做一些冷暖色对比的调整，比如在高光区域加黄色，阴影区域加青蓝色，通过对高光、阴影的调整变化，使高光偏暖色，阴影偏冷色，中间调影响有限，属于正常色，画面呈现出渐变的冷暖对比关系。这种方法，调整室外阳光下拍摄的照片时用得较多。但饱和度需要严格控制，常规数值在15以下。高光区域不能太黄，阴影区域也不能太蓝。也就是说，不能让人看出来你加了太多人为的颜色，那样会显得不自然。关于调色，有一个很重要的理念希望大家记住：调色不是为了让人看出你在调色，而是为了让画面的色彩更丰富、更好看。调色不是目的，而是手段，让画面变得好看才是目的。所有调整的选项和度都不是固定的，一切都需要随机应变。

分离色调调整前

高光：色相+59，饱和度+9；阴影：色相+198，饱和度+10

调整之前，人物的肤色偏冷；调整之后，肤色附了一层淡淡的暖黄色，更有阳光照射的味道了。在阴影区域加一点青色，增强了冷暖对比关系。皮衣这种高反光的物品，也更适合用冷调表现。需要注意的是，阳光下阴影的冷色一定要有所隐藏，不能太明显，否则会显得跟阳光明媚的氛围格格不入。

除了我们上面提到的在高光区域加暖色，阴影区域加冷色，我们也可以根据实际情况，尝试在高光区域加冷色。例如，在下图中的高光区域加入青蓝色，可以让画面呈现出一种高光偏冷的氛围。在调整室内美容片时，让高光区域带点冷色，可以让画面显得更干净、清爽、透亮。阴影区域可保持不变。

高光区域加一点青色，饱和度+3，显得更透亮。阴影区域加一点偏紫的洋红色，色相+287，饱和度+10，让阴影区域整体变粉，画面的氛围显得更梦幻

5.1.8 镜头校正

在Camera Raw的"镜头校正"菜单下，第一栏是配置文件。选中"启用配置文件校正"之后，软件会自动识别这张照片所使用的相机镜头，自动校正畸变、扭曲度、晕影等，对于广角镜头拍摄的"大头"效果更佳，可以适当减弱变形的程度。也可以根据实际情况手动调节最下面的校正量：扭曲度和晕影。还可以结合工具栏里的变换工具，做水平、垂直、旋转、缩放等变换。

第二栏是手动。其中的扭曲度工具，可以加强或减弱鱼眼效果。去边则主要用于解决镜头造成的紫边或绿边等影响。通常在逆光的情况下拍摄，容易出现紫边或绿边效果。首先选中紫边或绿边的色相范围，然后根据情况选择数量。需要注意的是，如果画面本身有紫色系或绿色系的色块，软件可能会误以为是紫边或绿边，尤其是色块的边缘，一定要做检查。如果出现这种情况，可以先导出一张去边后的图，再导出一张没有去边的图，再将两张图在Photoshop里进行合成。

添加晕影：数量-30，中点50

晕影，也就是我们常说的暗角。由于镜头四周通光量的衰减，导致照片四周的曝光会逐渐变暗，使画面有了明暗渐变。这恰好可以突出画面中间的主体，避免了整个画面亮度一致，显得很平。因此，有时候暗角是可以保留的。但有些情况下，则需要我们消除暗角或加亮角。中点按钮的作用就是调整晕影从画面的中心到四周的渐变范围。

5.1.9 效果

在Camera Raw的"效果"菜单下，第一个调整项是"去除薄雾"，这个功能可以缓解照片因空气中的雾或霾而造成的透视率太低、画面太灰蒙的问题。第二个调整项是"颗粒"，这个功能模仿的是胶片的颗粒效果，可以给数码照片加一层颗粒效果，增加画面的细节，增强质感。也可以用于给背景增加颗粒，尤其是因模糊处理丢失了细节的背景，可使画面的质感统一。第三个调整项是"裁剪后晕影"，调整的方式是直接在画面上加黑或加白，效果较为生硬，因此并不常用。

去除薄雾+11的效果（在实际的修图过程中，本张照片并未调整该项，此处仅为示范去除薄雾的效果）

5.1.10 局部调整和渐变

1. 调整画笔

Camera Raw中，左上角工具栏中的"调整画笔"工具，是一个专门为画面局部调整而开发的工具，功能强大，可以调整画面的白平衡、曝光、对比度、清晰度、锐化等，是Camera Raw主要菜单的整合。有了这个工具，我们就可以选中画面的局部，在不影响整体画面的情况下，做单独的调整。

具体的操作方法是,首先选择合适的画笔大小,然后将羽化值调到最大,这样可以跟周围过渡得更加自然。流动和浓度是画笔的速率和透明度,可根据实际情况进行选择。右下方的自动蒙版选项,勾选之后,软件会自动智能识别选区,就像魔棒和快速选择工具一样。取消勾选后,蒙版则是通过画笔手动画出来的选区

曝光-0.3,高光-23,白色-10,清晰度+10,锐化程度+10

设置好画笔工具之后,根据画面要调整的内容选择相应的调整菜单。例如,调整画面曝光,将曝光滑块向右滑动,然后用画笔涂抹你需要提亮的区域(可以多画几笔,如果出现选区范围画大了的情况,还可以选择清除菜单,用画笔将局部涂抹掉即可)。有了选区之后,关掉"叠加"和"蒙版"显示,再继续调整曝光和其他选项的数值,直到满意为止

如果画面的曝光正常,但人物脸部的曝光略不足、色温略偏冷或不够突出,我们就可以用调整画笔工具选中人物的脸部区域,羽化后提高曝光,从画面亮度上使其突出。还可以将脸部的色温变暖,使其从色温上突出。略增加对比度,还可使其从灰度上突出,但增加对比度可能会导致饱和度也随之增加,因此要略减一些饱和度。略增加清晰度,可使其从清晰度上突出。适当锐化,也可使其质感更显突出。

选择颜色:色相156,饱和度+12

除了常见的调整,还可以利用颜色工具进行上色。首先,选择一个颜色,增加饱和度,选区会发生色彩变化,然后微调色相和饱和度,直至达到满意的效果。

2.渐变滤镜和径向滤镜

除了使用调整画笔调整画面的局部以外,我们还可以选择使用渐变滤镜和径向滤镜。例如,画面的下方曝光过度,就可以直接选择渐变滤镜,从画面的下方向上拉一个渐变,做一个渐变的选区,再调整数值进行修正。

如果画面的某一区域需要调整,可以拉一个径向滤镜。可以选择内部调整,也可以选择外部调整。如果选区不够准确,还可以选择调整画笔进行加减,最后做数值调整,直至达到满意的效果。

曝光+0.15，拉一个从左下方到右上方的渐变

曝光+0.3，对比度-10，高光-15，阴影+20，饱和度-12。原图中，模特的腿部区域较暗，利用渐变滤镜适当提亮腿部的亮度，降低对比度和饱和度，可以让腿部更亮、更柔和

5.1.11 输出及批量处理

在Camera Raw导图的过程中,我们一般是先处理画面中最明显的不足。无明显不足时,通常是按照以下流程进行导图:曝光—对比度—高光、阴影—白色、黑色—清晰度—白平衡—自然饱和度—锐化—亮度—色相—饱和度—分离色调—颗粒—局部调整—输出。

在导图的过程中,还要根据实际情况,不时回到前面的步骤进行修改微调,尤其是在HSL调整的时候,可能会影响到画面的曝光、饱和度和色温色调,所以需要前后结合,进行平衡微调。

另外,还要经常对比原图,及时发现问题,如画面是否偏色、该保留的氛围还在不在等。

在Camera Raw中,有一个在"原图/效果图"视图之间切换的功能,可以方便我们随时对比原图。对比后可以发现,调整后的画面曝光更准确,细节更丰富,色调更浓郁,人物的皮肤也更加白皙清透,氛围更加清新唯美

1. 输出

在做好所有的调整之后,打开图像进入Photoshop之前,我们还需要设置工作流程选项,设置色彩空间、位深、图像大小等。如下图,点击Camera Raw界面下方的"Adobe RGB(1998);8位;5080×6773(34.4百万像素):300ppi"即可进入工作流程选项,色彩空间可选择Adobe RGB1998或者sRGB,色彩深度默认选择8位/通道,图像大小为默认值大小,分辨率选择300像素/英寸。确定之后,即可打开图像,进入Photoshop,软件会自动生成记录调图数据的xmp文件,方便以后进行修改。

在做好所有的调整以后,你也可以不选择打开图像进入Photoshop,而是直接在Camera Raw里存储图像。先选择Camera Raw界面左下角的存储选项,打开后如下图所示,选择存储文件夹,有PSD、TIFF、JPEG等多种图片格式,JPEG格式品质最高为12。色彩空间根据需求可选择sRGB或者AdobeRGB,位深默认为8位,图像大小选择默认。输出锐化可不选择,如果选,可以选择滤色,数量标准。最后点击完成,即可生成调图数据,方便后面再次进行修改或批量同步

有时候,我们感觉导图导得还不到位,差点了什么,还可以重新打开Camera Raw做微调,或换一套思路重新再调,然后对比当前设置和图像设置之间的区别,观察效果有没有更好。如果变得更好,选择打开图像,更新数据。如此几遍过后,图片就会导得越来越细腻。在修图的过程中,对比之下才能分出高低。如果没有人跟你一起导图做对比,你也可以自己多导几张,换不同的思路来进行对比,从中做出最好的选择,不断突破自己

2. 批量处理

调完一张照片之后，把这张照片连同整组照片一起拖进Camera Raw。这时候，缩略图会排列在界面的左边，先选中我们调完的第一张照片，然后点击"全选"或按快捷键command+A，接着点击"同步设置"或者按快捷键alt+S，选择要同步的选项。确定之后，所有的图片将同步为同一数据设置。但由于一组照片里，可能存在场景和光线的差异，所以在同步之后，还要对每一张照片进行单独微调，最好一张一张地过几遍，让不同的照片之间保持统一、流畅。最后点击存储图像，即可完成。

5.1.12 预设

调整好的Camera Raw数据是可以存储的，可以将该数据命名后存储到文件夹settings中，这样在Camera Raw的预设菜单下便有了你的数据。选中之后，数据便复制过来了。使用的时候，直接在预设菜单下选择某一个预设即可。当然，你也可以从网上下载一些预设文件，在调图的时候点一下，可以给你一个调整的方向和思路，然后在此基础上再做更细致的调整。

5.2 Camera Raw导图案例解析

讲完Camera Raw导图的流程和工具以后，我们知道了操作的顺序和常见工具的用法。接下来，我们将结合不同场景、不同风格的案例，逐步为大家解析在Camera Raw中导好一张照片的思路和技巧。

案例1

这是一张棚拍的女装广告照片，背景是灰白色的，模特的衣服和头发也是灰白色的。当看到这样一幅画面时，我们应该有一个基本的调整思路：通过提亮人物的肤色，可以让整个画面呈现出白中有白的高调效果。画面中的色彩比较单一，通过降低人物肤色的饱和度，可以让画面的色彩更加统一。此外，这是一位较为中性的外模，我们应该强化凸显她硬朗的中性气质。

原片 摄影/张悦

1 原图的曝光基本准确,无需做调整。但画面比较灰蒙,想要凸显模特硬朗的中性感觉,我尝试将对比度加到了100。这种情况比较少见,要根据情况而定。

2 加完对比度后,画面的高光区域变亮。我们减少高光的数值(-55),以恢复高光区域的层次。

3 人物的皮肤大部分都处于阴影里,想要让皮肤变白,我们需要提亮阴影部分。因此,我将阴影+100,让阴影区域整体亮起来,人物的肤色也跟着亮了起来。

4 提亮阴影之后，整体画面显得有点飘，所以我们需要通过加深黑色，把对比度拉回来。通过加阴影（+100）、减黑色（-38），达到改变肤色亮度的目的。需要注意的是，这种对比度、高光和阴影、白色和黑色的数值组合只适合个例。要根据具体情况灵活调整，不能生搬硬套。

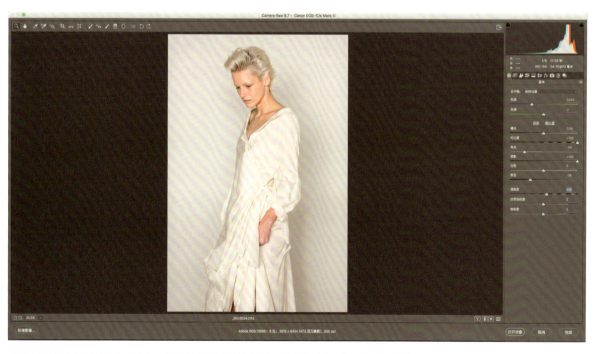

5 通过增加清晰度（+10），可以减弱画面的灰蒙，让画面更硬朗、更具质感。

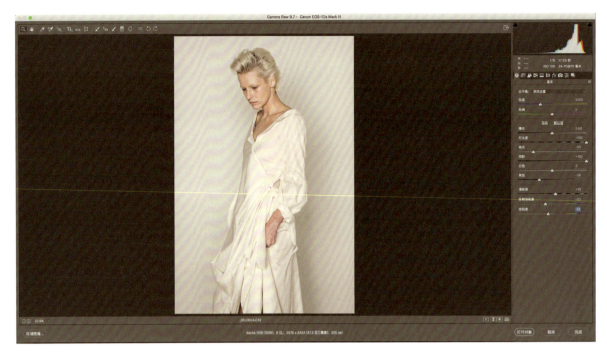

6 此时,画面的饱和度很高,人物的肤色显得很脏,我们可以通过调整饱和度(-12)和自然饱和度(-20)来适当降低饱和度。

7 整体调色之前,需要先校准白平衡,将色温降低150,调至5100,使画面变得稍微冷一些。色调-6,让人物肤色减少一点洋红。

8 锐化,锐化的数量为51。

9 利用目标调整工具,在HSL菜单下提亮肤色,让肤色更透亮。主要选区是大量的橙色和少量红色。橙色+25,红色+7。

10 降低肤色的饱和度，橙色-50，红色-12，洋红-20，使肤色的饱和度更接近于画面其他区域的饱和度，接近银灰色。但注意，此时人物依然是有肤色的，只是饱和度比较低。

11 给画面加一个亮角晕影（数量+15），让画面的四周亮一些。

对比效果。调整之后,模特的五官更显立体,人物更显硬朗,画面更加透亮,质感更强,整体给人感觉干净了许多。

案例2

这是一张在影棚内拍摄的浅色背景男装广告照片。模特通过整体的着装塑造了一个有风度的绅士形象。画面光线以逆光为主,因此模特的正面较暗,这也是需要我们重点调整的地方。

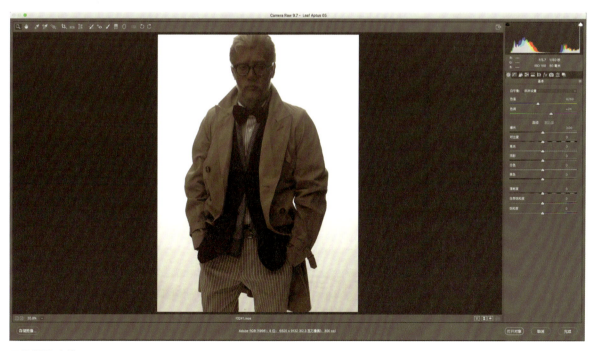

原片 摄影/张悦

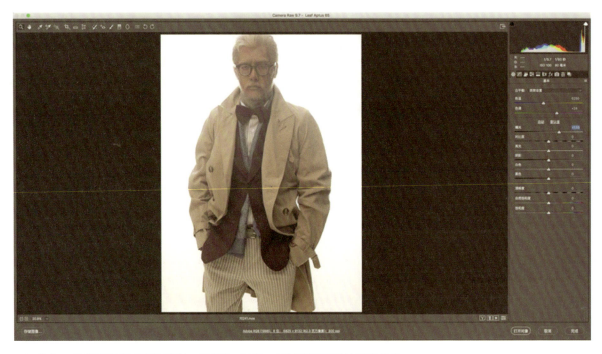

1 首先，我们要提亮画面的曝光，将曝光+1.55，使其接近正常的曝光状态。

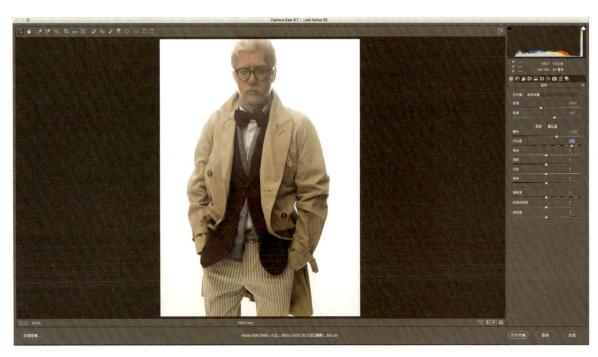

2 因为是逆光拍摄的缘故，画面显得比较灰蒙。我们将对比度+75。此处我们加的对比度数值较大，是为了让画面变得更透亮。

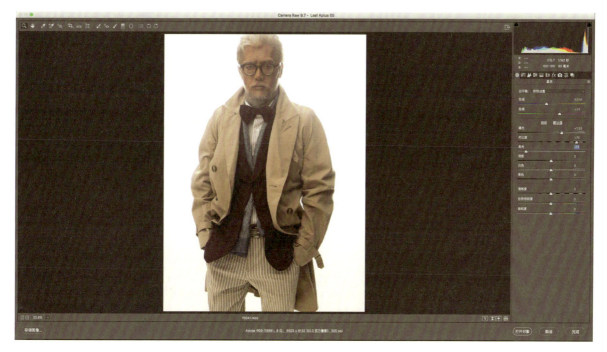

3 减少高光（-75），让人物边缘处的高光区域恢复细节。

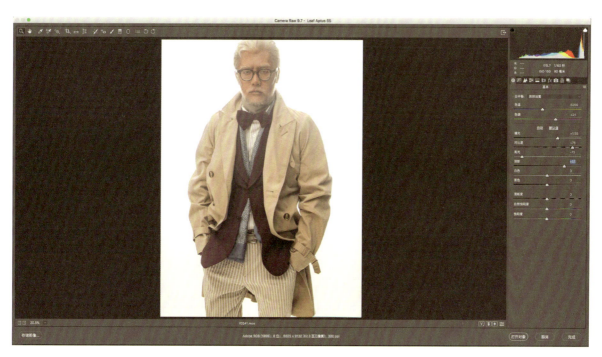

4 此时，整体画面的暗调太多，我们将阴影+51，来提亮暗部，让阴影变成中间调。

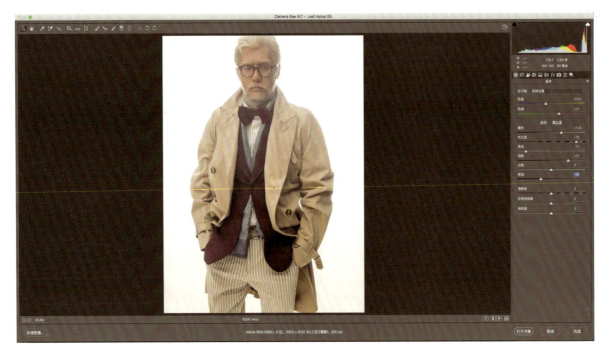

5 将黑色-30，让黑色沉下去，通过加阴影、减黑色的方法，增加暗调的层次。

6 将清晰度+30，可以去除画面的灰蒙感，让模特显得更加硬朗。当遇到镜头吃光的照片时，不妨尝试适当多加一点清晰度。另外，在调整这张照片时，我还试着改变了一下画面的白平衡，但发现还是原图的比较合适，因此我保留了原图的设置。

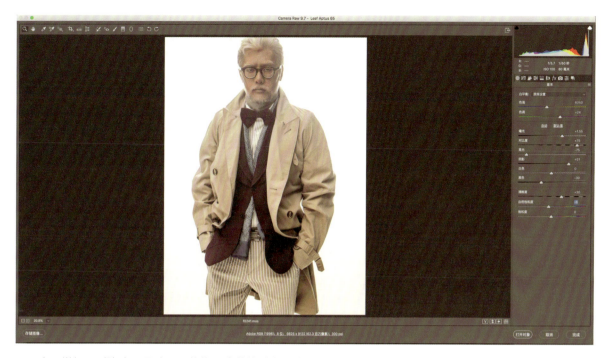

7 由于增加了对比度，导致画面的饱和度整体升高。我们可以适当降低自然饱和度（-8），将其恢复回来。

8 锐化（+63），增强画面的质感。

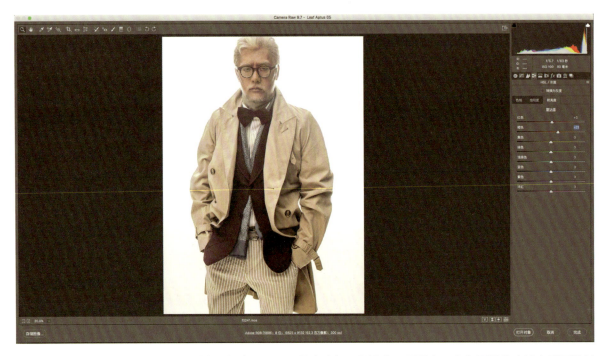

9 利用目标调整工具，提亮人物肤色，橙色+21，可以让肤色更显透亮。原图中，人物面部的光线主要是散射光，显得比较平。所以，此时我们增加的数值略大，以增强人物面部的立体感。

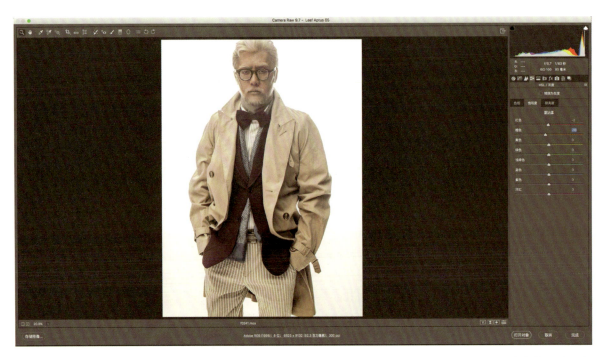

10 绅士的着装风格应该是干净素雅的，因此我们应该适当减弱暖光对风衣的影响。降低橙色的饱和度，橙色-10，红色-2，可以让画面的颜色更干净、更舒服。

对比效果。调整后的画面曝光更加准确，变得更透亮、干净，人物和服装的细节更加丰富，更能凸显人物的气质。

案例3

这是一张美院学生的服装设计作品，服装设计感十足，白色的睫毛、眼影和唇色，配合模特游离的神态，构成了这幅前卫、充满创意的画面。原片的光影也很丰富，因此我们在导图时，延续原片的风格，可以前卫、大胆一些。

原片 摄影/石伟伟

1 首先，我们应该适当加一点对比度（+46），让画面看起来更透亮。

2 适当提亮阴影区域（阴影+9），让阴影区域的细节更加丰富。

3 将清晰度+9，让画面更显清晰、硬朗。

4 锐化+50，让画面的细节更清晰锐利。

5 适当提亮人物的肤色,将橙色的明亮度+10。此时,画面的基本调整已经完成了,但我们还可以加一点创意进去。

6 前面我们曾讲过,调色之前先调整白平衡。通常情况下,色温色调的正常还原是非常重要的,但是如果你想来点儿突破,可以试试改变画面的白平衡。原片是暖色调,可不可以将其变为冷色调呢?我们将画面的色温由4350降至3300,让画面偏蓝,模特衣服的高光偏青色,画面出现了一系列层次丰富的青蓝,变得干净、梦幻。画面的氛围改变了,看上去更有意境。但需要注意的是,改变色温后,人物的肤色也会随之改变。肤色应依然带着血色,而不是发乌、发蓝。此次调整后,人物的肤色还在可以接受的范围内。

7 画面的高光区域有些过亮，调整高光，将高光-16，使其适当恢复一些层次。

　　对比效果。在进行调整之后，画面变得更透亮、干净。经过大胆的尝试，画面的色调更好看了，氛围更特别了，这主要归功于白平衡的改变。

这是同一组照片中的的另外一张，原图的色彩也是比较平淡的。

8 选择"上一个转换"，上一张照片的数据就会全部同步到这张照片里。但是可以看出，整体画面太蓝了，黑色变得过于黑。

9 将画面的色温从3300调整至3750，依然保留了冷调的感觉。通过添加阴影（+58），提亮暗调层次，可以让细节更加清晰。

10 最后，再适当提亮肤色，将橙色的明亮度+23，黄色+3。通过对比原图可以看出，调整后的画面色彩更加丰富，氛围感也更强了。

案例4

这是一张在室外自然光下拍摄的商业女装照片,天气晴朗,阳光明媚。因为仰角拍摄的缘故,模特的面部在帽子的阴影下,画面显得有些灰。另外,背景过亮,层次细节不突出。这些都是我们需要调整的地方。

原片 摄影/张悦

1 原片的画面比较灰,我们需要多加一些对比度(+80),以消除灰蒙的效果。

2 提亮画面中的阴影区域（阴影+38），使画面更有阳光照耀下明亮的感觉。结合加深黑色（黑色-32），让画面的黑色沉下去。

3 将高光-53，适当恢复高光区域的层次，可以让天空的层次更明显一些。

4 将清晰度+15，增强画面的质感。

5 原片的色温有些偏黄，我们将色温由6550降至6250，使画面减黄变冷。将色调由-2加至0，加一点洋红，会使白平衡更准确，人物的肤色也不那么黄了，多了一点粉嫩的感觉。

6 锐化+51，让画面的细节更清晰锐利。

7 使用目标调整工具提亮人物的肤色，将橙色的明亮度+18，红色的明亮度+3，可以让肤色更透亮。

8 适当降低肤色的饱和度，将橙色的饱和度-18，红色的饱和度-5，可以让皮肤更显干净。此时，模特的面部周围和手部的饱和度还是较高，我们可以保留一些调整的余地，进入Photoshop里再继续调整。

9 利用目标调整工具选中蓝天，压暗其明亮度，将蓝色的明亮度-68。压暗的同时，蓝色的饱和度也会随之增加。

10 进一步增加蓝天的饱和度，将蓝色的饱和度+77，让蓝色更纯净、饱和。再来看蓝天的色相选择。当前蓝天的蓝色里带有一点点紫色，与肤色中的红色相呼应，有对比，又很和谐。同时，这种蓝色给人的视觉感受是比较大气的，因此无需改变。

11 对比效果。调整之后，画面更显透亮，黑白灰层次更加丰富，色彩还原也更准确。点睛之笔是对背景蓝色的压暗，让蓝天更突出。这样，前后空间关系更明显，有了冷暖的对比，画面色彩搭配也更好看。

案例5

这是一张黄昏时分在室外拍摄的商业女装照片。模特身穿红色的服装，站在盐湖边。由于是逆光拍摄，画面中细节和层次显得有些不足，需要我们进行调整。

原片 摄影/张悦

1 首先，我们要增加画面的曝光，将曝光+0.5，加至正常曝光的7成左右即可。因为后面我们还要调整画面的对比度，提高肤色的亮度，都会影响到画面的曝光，所以这一步的调整要留有余地。

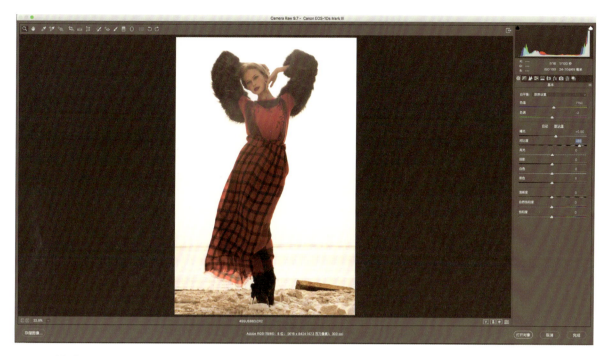

2 原片较灰，我们将对比度+80，以增加画面的对比度，拉开层次。

3 适当恢复高光区域的层次细节，将高光-26，但要注意保留原片背景处高亮的感觉。

4 由于是逆光拍摄，导致人物偏暗，所以我们将阴影+39，适当增加暗部的细节。此时，模特衣服的饱和度也随之升高，需要我们进行还原。

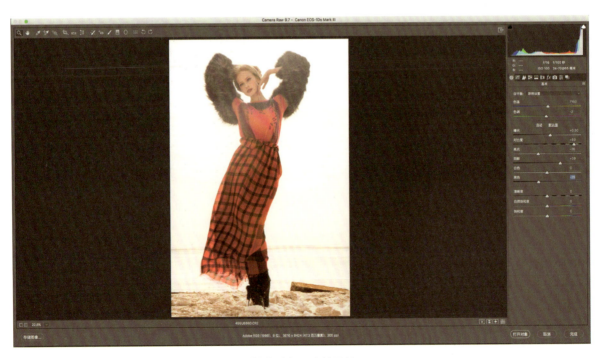

5 将黑色-25，让画面的黑色沉下去，以达到拉伸暗部层次的目的。

6 调整画面的清晰度时，由于是在逆光的环境下拍摄的，我们就需要考虑是否要保留这种氛围。如果需要保留逆光的氛围，清晰度的调整数值就不宜过大；如果不想保留这种氛围，则可适当多加一点清晰度，减弱吃光的效果。我将清晰度+21，适当保留了一点吃光的氛围。

7 整体画面的白平衡偏暖，将色温由7150降至6550，适当减黄，但依然保留了黄昏时分略带暖意的氛围。将色调由-2加至1，适当加一点洋红，使画面的氛围带一点柔和的粉红色，也会使人物的肤色更好看。

8 锐化，数量为52。

9 利用目标调整工具，适当提亮人物肤色，让肤色更透亮。将橙色的明亮度+18，红色也跟着改变，明亮度+5。

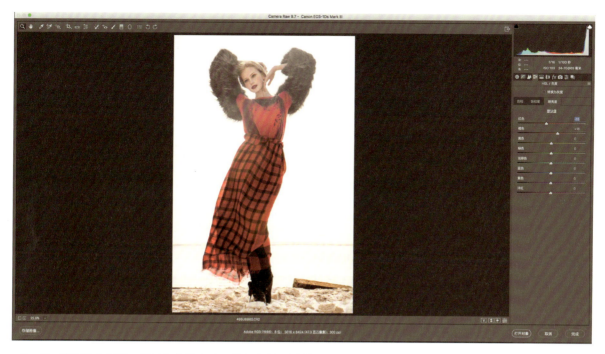

10 单独选中红色，压暗红色的亮度，将红色从刚才的+5降至-15，以压暗模特衣服的颜色。但要注意，该调整也会影响到模特的唇色和腮红。当你在调某一颜色时，可能对其他区域也会有所影响，因此一定要进行权衡，然后做出适度的调整。

11 降低模特红色衣服的饱和度，将红色的饱和度-10，使其没那么鲜艳。画面中其他的色相不多，因此不用改变其他色彩。

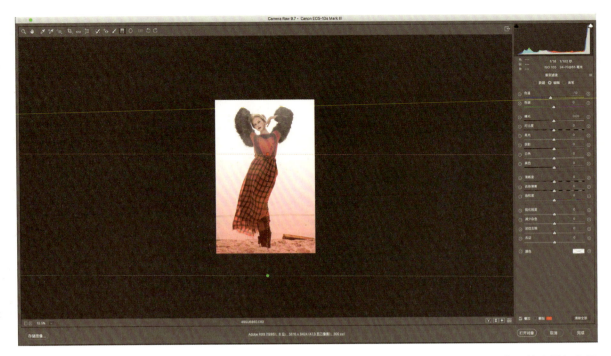

12 此时的地面偏橙黄色，饱和度很高，显得很脏，我们可以选择渐变滤镜工具进行调整。首先微调色温（-10），然后从下往上拉一个渐变，一定要注意渐变的范围。

13 隐藏蒙版，开始调整数据。想要减少黄橙色有很多方法，首选是以下方法：首先，通过白平衡调整，将色温-20，减黄加蓝。再将色调-5，减洋红加绿。然后适当增加曝光（+0.5），让地面更亮，显得更干净。最后适当降低饱和度（-20）。当然，服装的红色的饱和度也随之降低了，不过影响并不大。

14 利用对比功能，观察调整前后地面的变化，再做微调。

对比效果。调整之后，整体画面显得更透亮，细节更丰富，人物更突出，氛围感更强。

案例6

这是一张在室外的树阴下,利用自然光拍摄的照片。阳光穿过树叶的缝隙,给人以清新、唯美的感觉。

原片 摄影/孙薇薇 模特/李琼

1 首先增加画面的对比度,将对比度+68,使画面更透亮。

2 将阴影+77，增加画面暗部的细节，尤其是背景处的树荫和模特的头发。

3 将高光-72，恢复画面高光区域的细节，尤其是白纱裙的区域。

4 适当增加画面的清晰度，将清晰度+8。

5 原图的色温为5850，画面整体偏黄，我们可适当将色温降低，降至5500。

6 原图的色调为-4,整体画面偏绿色,我们可将色调增加至+10,使人物的肤色更加红润,色彩还原更准确。

7 锐化,数量为50。

8 在HSL界面下，利用目标调整工具提高人物肤色的明亮度，将橙色的明亮度+15。

9 适当提高模特手部发红区域的明亮度，将紫色的明亮度+5，洋红的明亮度+5；适当压暗背景绿色的明亮度，将黄色的明亮度-10，绿色的明亮度-30，浅绿色的明亮度-20，让绿色沉下来。

10 将橙色的色相-5，让肤色更显红润、粉嫩，从绿色的背景中凸显出来。将绿色的色相+39，使其更接近墨绿色，拉大与肤色色相的距离，令二者的对比效果更明显。

11 略降低人物肤色的饱和度，将橙色的饱和度-5。降低绿树和草地的饱和度，将黄色的饱和度-6，绿色的饱和度-35。为了降低手部发红区域的饱和度，将紫色的饱和度-12，洋红-20。受环境光的影响，白纱裙的阴影处呈现淡蓝色。为了让画面色彩更加丰富，我们将蓝色的饱和度+20。

12 为了让画面的色调更好看，我们可以结合曲线工具继续进行调色。在红色通道中的高光处加少量红色，主要表现在人物的皮肤和婚纱上。阴影处加青色，则可以让背景的绿色更接近墨绿色。

13 在绿色通道中的高光处加微量绿色，结合上一步骤加的少量红色，使得高光区域整体呈现暖色调。在阴影处加少量洋红，可以让背景更加接近墨绿。

14 在蓝色通道中的高光处加大量蓝色,可减少肤色中的黄色,使肤色显得更加红润。而肤色里的红色,恰好与画面中植物的颜色成补色关系。在阴影处加少量黄色,则可以避免阴影处的蓝色过浮。

利用红、绿、蓝三个通道进行调整时,不能单看某一个通道下的改变,而是要综合三个通道的数据看最终的整体效果。如本案例所示,三个通道都呈S形曲线,因此画面的整体对比度会增加。红色和绿色通道曲线高光部分提升的量差不多,蓝色通道提升的量最多,因此最终画面的高光区域会偏蓝色。将红色和绿色通道曲线的阴影部分分别下压,加青色和洋红,两者结合相当于加了蓝色,蓝色通道又减了少量黄色,因此最终相当于在阴影区域加了蓝色。阴影区域的植物在加蓝之后变为青绿色,与肤色互为补色关系。

15 想让阴影区域的颜色更浓郁一点,我们可以使用分离色调工具来调整。将色相调整至203,饱和度+5。我们知道,在色相环上,180°是青色,240°是蓝色,所以203°是青蓝色(略偏青)。

16 再次平衡画面的黑白灰关系,白色-35,让亮调部分沉下来一点。

17 黑色+21,让暗调部分亮起来一点,使得整体画面的影调看起来更自然舒服。

18 进行镜头校正。添加暗角的晕影，数量-20。

对比效果。经过调整，画面中的细节更加丰富了，画面有了冷暖对比和补色关系，色彩变得更加多元，色调更显浓郁，整体画面的风格更显清新、唯美。

第六章

Capture One
导图流程及案例解析

　　Capture One是一个联机拍摄和导图调色的专业软件，与Camera Raw相比，操作的界面更复杂，功能也更强大一些。但二者导图的流程和思路基本一样。只是因为两个软件有一些工具的计算方法不同，导致出来的效果略有差别。

　　本章中，我们将讲解Capture One导图的流程和工具，之后会结合大量不同场景和风格的案例，根据不同的人物、造型、环境等，逐步解析，向大家阐述Capture One导图的方法技巧和调色思路，让大家更全面地了解并驾驭这个软件。

6.1 Capture One导图流程

首先，我们来讲一下Capture One导图的整体流程，包括软件中各选项和工具的作用。这是最基础的一步，只有了解并熟练掌握了软件，才能轻松地实现自己的想法。

6.1.1 导入

打开Capture One软件，点击"文件"菜单下的"新建会话"，可以命名文件的名称并选择文件夹的位置。确认好以后单击"可以"，即可新建一个工作项目，如下图所示。

进入Capture One调色面板以后，点击"文件"菜单下的"导入图像"，选择想要导入的文件夹。该文件夹下所有的照片将呈现在一个窗口内，如下图所示。你可以按住command键多选你需要导入的Raw格式文件。如果想全部导入的话，则可点击右下角的"导入全部"按钮。

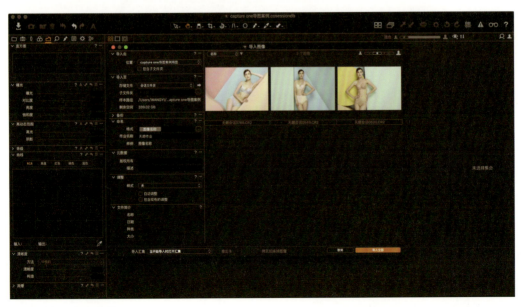

图片来自摄影师/石伟伟

导入照片之后,所有照片将以缩略图的形式排列在界面右侧。单击选择其中一张照片,即可预览这张照片在导图前的默认值状态,如下图所示。这样我们就可以开始正式的导图工作了。

6.1.2 曝光的调整

1. 曝光和对比度

正式的导图,我们从调整画面的曝光和对比度开始。调整曝光就是调整整体画面的明暗,注意在调整的时候要留有余地,不要调到正好合适,因为后面我们还会调整画面的对比度,并对单个颜色进行调整,这些都会影响到画面整体的曝光。另外需要注意的是,Capture One中对比度调整的范围是-50~50,这意味着即便调整的数值较小,效果也会比较明显。图片的对比度通常在0~15范围内。低对比度的照片,虽然画面层次细腻、丰富,但是容易显得太平、太闷;高对比度的照片则会损失画面的层次,显得很生硬。因此,对比度的调整一定要平衡好,做到自然、舒服。通常情况下,曝光和对比度结合调整完以后,我们可以参考直方图,再看看画面中的效果。如果人物的脸部有一些小面积的高光区域,就比较合适了。

将曝光-0.3,可以让画面整体的曝光沉下去一点

将对比度+11，可以让画面更显透亮

2.亮度

亮度选项不同于曝光选项，曝光调整是对画面整体明暗做改变，而亮度的调整范围更倾向于中间调部分，也就是说，对画面亮度改变的同时，会尽量避免对高光、阴影区域进行修剪。调图的过程中，在我们认为曝光、对比度都合适以后，如果中间调略亮或略暗，我们就可以利用亮度工具来进行调整和完善。

3.饱和度

Capture One中的饱和度效果，有点像Camera Raw中自然饱和度与饱和度的结合。首先，加、减饱和度的效果比较自然、舒服，-100时画面会变成黑白效果。在我们调图的最后阶段，如果发现画面整体的饱和度过高，可以利用该选项来降低画面整体的饱和度。

4.高动态范围和等级

高动态范围选项类似于Camera Raw里的高光、阴影，所不同的是，高光和阴影的数值只能加不能减。加高光的数值，是减亮度、恢复高光的层次；加阴影的数值，是加亮度、增加阴影的层次。虽然没有白色和黑色选项，但是高光、阴影这两个工具相当强大，恢复的层次感要比Camera Raw更好、更自然，是平衡画面黑、白、灰关系的最重要工具。

如果觉得图片中的黑色不够重，整体画面显得很飘，高光和阴影工具无法进行调整，但等级工具可以。等级工具其实就是Photoshop里的色阶工具。只要选择左下角的黑点，水平向右拉，即可加重黑色，让画面中的黑色沉下去。

将高光+20,以适当恢复高光区域的层次。阴影区域不做调整

5.清晰度

　　Capture One里的清晰度选项,默认有4种效果,分别是:自然、冲击、中性、经典。其中最常用的是经典,因为经典的锐化效果比较自然、均匀、舒服、层次丰富,数值在0～15范围内。其次是自然。调整的数值比较小时,自然和经典的效果很接近,不同之处在于自然会有对比度的变化,可以提亮高光的亮度,比如肤色的高光会明显变亮,边缘的反差加强。因此,在人物肤色高光不够明显时,可以用来增加画面的清晰度,同时突出高光。冲击是自然的加强版,效果更强烈,边缘反差变化更大,且饱和度会升高,效果不是很自然,我们基本用不到。中性和冲击的锐化效果接近,唯一的不同是,中性的画面色彩过渡更加自然,所以当需要很硬朗效果的时候,偶尔会用到。

选择经典模式。清晰度+15,可以让画面更显清晰锐利

6. 渐晕

Capture One里渐晕的效果类似于Camera Raw里的晕影，可以用来加暗角、亮角。渐晕在方法上多了三个选项，分别是椭圆形裁切、圆形裁切和圆形，最常用的是椭圆形裁切。

本案例在实际调整过程中，未做渐晕更改，此处仅做示范

6.1.3 颜色的调整

当调整完画面的曝光，即平衡了画面的黑白灰影调关系之后，我们就可以进入调色阶段了。

1. 白平衡

进入颜色菜单栏，如下图所示。我们首先调整画面的白平衡，方法和在Camera Raw中调整一样。Capture One中多了一个选项，即皮肤色调，该选项列出了几种常见的肤色。选取一种肤色，单击在皮肤的某个点上，即可以把当前点的皮肤颜色校准成我们选择的肤色，整体画面也会根据此点来改变白平衡。这个选项的理念很新颖，但在实际操作中并不常用。

默认白平衡：色温5355，色相2.7

画面的色温不变,将色相由2.7降至0.7,可适当减少人物肤色里的洋红

2. 色彩编辑器

校准完画面的白平衡,我们找到色彩编辑器选项。该选项有3个子界面,分别为基本、高级和皮肤色调。基本,罗列出几种常见的颜色,和Camera Raw里的HSL一样,但多了一个整体色彩调整,还有一个圆形色环,如下图所示,很直观,但是这一项我们平时基本用不到。

高级选项是我们必用的选项。首先选中吸管工具,单击图中你要调整的色彩,如下图所示。平滑度工具用于调整边缘渐变羽化的大小。选中颜色之后,在色环中会显示选中色彩的颜色范围,如果想扩大或缩小选区,可以用鼠标指针拖动选区边缘线或外面的拉杆进行调整。做好选区之后,我们就可以开始调色了,色调旋转即改变色相。

利用吸管工具，取皮肤上的某一点，即可得到一个肤色的色彩范围

值得一提的是，Capture One中的色彩编辑器-高级-亮度选项，与Camera Raw里的明亮度调整效果有明显区别。Camera Raw中的明亮度在调整后画面更显透亮，这一特点在处理唯美、小清新风格的照片时更胜一筹，可以调出千变万化的风格。而Capture One中的亮度则无法调出干净透亮的感觉，画面会显得比较平。但优点是，调整后的照片细节更加丰富细腻，层次感更好，因此更适合调整人文、纪实和时装类的照片。

对选取的肤色范围进行调整，将饱和度-1.5，亮度+5，可以让肤色更显透亮

当你选中了某个颜色范围,可以勾选下方的"查看选定颜色范围",这样更便于观察,从而精确选区,如下图所示。

关掉"查看选定颜色范围",开始调整数值。如下图所示,将饱和度-20.3,亮度+5.5,可以让画面背景中的蓝色更加柔和。

皮肤色调选项是Capture One独有的调整选项,可以用来谐调和统一肤色,避免肤色有大的色相差。使用时首先用吸管选中肤色,再在色环上改变选区大小,然后调整均匀度下的色相,整个选中的肤色范围就会逐渐统一成一个颜色。需要注意的是,颜色越统一,细节和过渡越不丰富。因此在通常情况下,将色调的均匀度调整至15左右即可,这样既有改善作用,又不会太过。饱和度和亮度的均匀度调整都会带来负面效果,因此基本用不到。

有时候，在统一肤色后，肤色的色相可能会偏色，我们可以选择数量下面的色调选项进行修正，还可以通过加、减饱和度和亮度来进行调整。

选中肤色范围，将色相均匀度+10，可以让肤色更加谐调统一

3. 色彩平衡

Capture One中的色彩平衡是一个重要的色调调整工具，其作用类似于Camera Raw中的分离色调。完成了前面所讲的基础调整后，这一步我们将正式进入色调的创作阶段，可以让整体画面的色调氛围有明显的提升和变化，让画面不再平淡。

首先，Camera Raw里的分离色调只有高光和阴影两层关系，而Capture One中的色彩平衡则有三层关系，多了一个中间调，每一个选区范围都可以调整色相、饱和度和明亮度。前面我们讲色彩和分离色调的时候，讲过阴影比较适合加冷色的理论。在有三层关系的情况下，阴影如果是冷色调，那么中间调一定要是中性色或偏暖色，这样才能将其区分开。高光可以选择带点冷色。这样画面就会有三层冷暖关系，冷暖对比很明显，色彩层次也会很丰富，是当下比较流行的色温搭配方式。当然，你依然可以选择高光为暖色，阴影为冷色。中间调无论是冷色、暖色还是中性色，画面都是经典的两层冷暖搭配关系。

● 调整过程

首先选择高光，适当加一些青色，如下图所示。这时，肤色中高光部分的色相会由暖变冷，与皮肤的中间调基底色相比，产生色相差别，形成冷暖对比。如果高光不够突出、立体，可适当提亮一下右侧的亮度滑块。这样人物脸部的高光颜色和基底色在色相上有了差别，冷暖上有了差别，亮度上也有了差别，人物就会更显立体，色彩也更加丰富。

其次选择阴影,适当加一些冷色,具体颜色的选择要参考画面中的其他色块,看看哪一种颜色更搭配,既能形成反差,又很谐调。但要注意,不能加太多冷色,以免完全压制了其他色彩。加完冷色之后,画面的阴影部分会沉下去。

最后选择中间调,根据实际情况考虑要不要加一些暖色,比如橙色、红色、洋红。因为高光和阴影我们都加了冷色,画面的整体效果可能会偏冷,这时候中间调加一些暖色,可以将画面的暖色平衡回来。不过,多数情况下,调整完高光和阴影后,中间调依然保持着暖调或中性色调,所以可以不加。

色彩平衡需要前后反复微调,让画面的色彩关系平衡好, 画面才会舒服好看。另外,加任何颜色,都不是结果想要什么颜色就加什么颜色,而是要考虑到颜色的相加和抵消,反推出应该加什么颜色才能得到自己想要的颜色。

小贴士　Capture One 中的所有调整,都可以通过双击调节按钮恢复到默认值。

4. 曲线

色彩平衡并不能适用于所有情况下的色调调整。当我觉得画面氛围还不够时,我会进入第二次色调的创作调整,用到的工具就是曲线工具。曲线的常用技巧无非是利用RGB通道调整画面的黑白灰层次关系,然后在单个通道进行色调调整。

● 调整过程

首先调整蓝色通道。将白点水平向左移动,画面的高光区域会变蓝;垂直向下移动,画面的高光区域会变黄;将中间调下压,画面的中间调会偏黄;将黑点上提,画面的阴影区域会变蓝。

随后调整红色和绿色通道。将绿色通道的白点水平向左移动,画面的高光区域会变绿。如果加上蓝色通道的高光区域变蓝,这时候画面的高光区域就会呈现青色。

以此类推,将三个通道的高光颜色组合在一起,会成为一个新的高光色调,三个通道的中间调组合成一个新的色彩倾向, 阴影也会组合成一个新的暗部氛围。但要注意,阴影区域的颜色不能浮上来。

曲线的用法千变万化，需要根据实际情况多多尝试。明白了它的原理，有了色感，以后再看到照片，自然就明确了调整的方向。

5. 黑白

如果想直接导出黑白照片，就找到黑白菜单，在色彩敏感下勾选"启用黑与白"，如下图所示。然后根据画面原有的色彩，单独调整每个颜色的亮度。整体的方向是让肤色处于亮度优势，其他色彩适当压暗，让画面明暗分明，层次丰富。

如果想让黑白照片带点色彩倾向，比如要做泛黄的老照片效果，就可以用到第二栏的"分裂色调"工具，如下图所示。操作方法类似于Camera Raw里的分离色调。

6.1.4 细节的调整

Capture One中的细节调整选项，主要用于调整画面的质感、锐化和添加颗粒。

1. 锐化度

至于Capture One中的锐化度，软件会根据照片自动锐化，常见的数值为80或140，通常不需要调整。如果你觉得不够，可以适当加一点半径，或加一些数量。如下图所示，我们将锐化度的数量增加至200。

2. 胶片增益

胶片增益模仿的是胶片的颗粒效果。有时候为了增加画面的质感和颗粒质感，我们会加一些胶片增益来丰富画面。胶片增益菜单下有6种类型，分别是良好的微粒、银富、柔和噪点、立体增益、扁平增益和粗糙噪点，颗粒感依次增强。

良好的微粒，颗粒最细腻，颗粒感最不明显；银富，颗粒较细腻，颗粒感不明显；柔和噪点，颗粒感适中，是我们最常用到的；立体增益，与柔和噪点效果接近，颗粒稍大一些；扁平增益，颗粒更大，颗粒感很明显；粗糙噪点，颗粒最大，颗粒感最明显。

胶片增益类型选择柔和噪点，影响+15，可以为画面增加一点颗粒质感

3. 波纹

波纹工具是专门针对相机在处理高频率、高分辨率细节时计算错误带来的颜色波纹而设计的，即为了消除摩尔纹而设计的。有两个调整选项：数量和模式。去除摩尔纹的时候，两个选项的数据位置必须正确才有效果，所以必须多尝试不同的数值组合。不过，不是所有的摩尔纹都可以去掉，很多时候只能在Photoshop里减弱、消除。

6.1.5 局部的调整

Capture One中的局部调整，作用和用法等同于Camera Raw中的调整画笔工具和渐变滤镜工具，其作用是调整画面局部的颜色和细节。

具体用法是：找到子菜单本地调整右下角的"+"，点击添加新图层，默认命名图层1。然后选择画笔工具，右键选择画笔的大小、硬度、透明度、流量，还可以选择自动遮罩，也就是自动蒙版。用画笔选择画面需要调整的区域，还可以用坡度遮罩，也就是我们常说的渐变蒙版。选区画多了可以用擦除遮罩擦掉，也就是橡皮擦。关于选区的显示，选择只有绘画时显示遮罩，画的时候可以看到选区，调整数据的时候又不影响观察视图。

做好选区之后，我们便可以进行数据调整，包括大部分的工具，比如白平衡、曝光、高动态范围、曲线、锐化等。

6.1.6 同步和输出

1. 数据同步

首先在预览窗口的左上角找到"多视图"按钮，点开之后，就可以在一个预览窗口里一起预览多张照片了。比如，我们调好了一张照片之后，需要同步数据，在缩略图中按住command键的同时按住鼠标左键，多选图片，或者按command+A进行全选，这时候选中的照片就会一起堆栈在预览窗口。点击第一张照片，然后选择右上角的"从主变体拷贝调整项"，如下图所示，再在工具栏上面选中"切换主要编辑和选定的编辑之间的变体"，这个工具你可以理解为单选和多选工具。

选中之后，选择右上角的"将设置运用到选择的变体"。这时，所有的照片调整都依照同一个数据

完全同步数据的效果。可以看出上图的曝光略显不足，肤色没有下图红润健康，这就需要我们根据每一张照片的曝光氛围做微调

将曝光从-0.3调整至0，增加曝光，肤色因受到周边绿、青、蓝的环境光影响，显得偏黄。在白平衡下，将色调+2，肤色恢复红润，与上一张照片的曝光和色调一致

2. 单个数据同步

如果不想同步所有的数据，只想同步色彩平衡的色调怎么办？我们可以在色彩平衡的右上角，选择复制设置到剪贴板，在跳出来的窗口中选择应用，如下图所示，单个调整工具的数据就同步完成了。

3. 预览对比

如果想要预览单个调整项的前后对比效果，先找到当前工具右上角的复位按钮，按alt键配合鼠标左键，反复点击、松开，就能观察到对比效果，如下图所示。

如果想要整体预览调整前和调整后的效果，有两种方法。

1.右键选中下方缩略图，选中"重置调整项"，如下图所示。或利用快捷键command+R，这时数据将恢复到初始状态。切记不要做任何改变，因为那样数据会被覆盖。然后按快捷键"command+Z"撤销操作，返回上一步。利用"command+Z"和"command+shift+Z"来回切换，进行反复对比。

2.右键选中下方缩略图，选中"新建变体"，这时缩略图中会新增加一张原图。按住command键加鼠标左键，选中两张照片，配合多视图模式，就可以在一个界面下对比前后效果了，如下图所示。

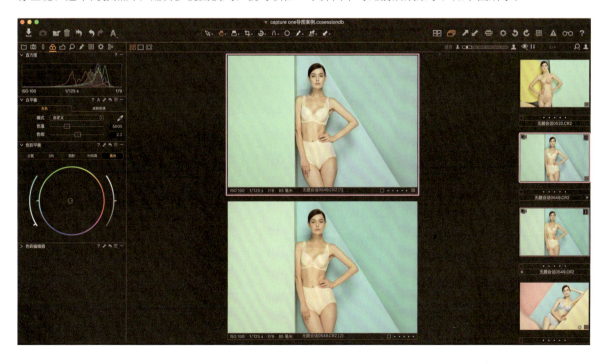

如果想要重新调一个效果，可以选择"新建变体"重新开始。

如果想在当前的基础上微调部分数据，可以选择"复制变体"，如下图所示，然后微调即可。

在多视图模式下，同时选中几个版本，对比并选择最好的效果

4.输出

Capture One中的输出菜单栏，主要用于设置输出图片的格式。

首先找到处理配方，软件默认列了几个常用设定，但并不实用，所以我们可以自定义。如下图所示，选择"+"，填写名字，比如jpg，然后在冲洗配方下完善，格式选择JPEG，质量选择100，ICC配置文件根据情况选择sRGB或Adobe RGB，分辨率常规为300像素/英寸，刻度选固定，100%大小，打开方式选无，即可完成JPEG格式的配方预设。

Tiff格式的常规预设,如下图所示。

选择好冲洗配方,再选择输出位置,默认存储位置为Output文件夹。然后点击冲洗摘要下方的处理,软件就开始进入导图过程了,有进度条可以观察,如下图所示。但有时候只导出来一张照片,这是因为你没有选择"切换主要编辑和选定的编辑之间的变体",也就是多选工具。

6.2 Capture One导图案例解析

上一节,我们讲解了Capture One导图的流程和常用工具的使用方法。下面我们将结合实例,进一步熟悉这个软件的用法。

案例1

这张照片来自一个设计师品牌的lookbook,色彩上发挥的空间很大。照片是在室内拍摄的,白色的墙面,灰色的地面,场景很简单,模特的动作也很简单,目的只为展示服装的款式。

摄影/王亮

1 首先,我们加对比度(+12)。通常情况下,曝光和对比度都是结合着调整的。将曝光+0.65挡,可以让画面亮起来,尤其是模特的脸部,会有一些小范围的高光。

2 此时,画面的背景白墙显得过亮,我们可以利用高动态范围将高光调至30,使高光区域适当恢复层次,从而将过亮的背景压下去。

3 提亮阴影,将阴影调至20,以增加阴影区域的细节,平衡阴影区域的亮度关系。

4 在经典模式下,清晰度增加15,可以让画面更显清晰、立体,更具质感。

5 原本的锐化半径为0.8,我们将其加到1.0,会使锐化的效果更强烈。为画面增加一点颗粒,选择柔和噪点,影响加到10,画面会呈现一层浅浅的颗粒,但并不明显。

6 正式开始调色之前,要先校准白平衡。默认的白平衡色温为5282,色相为-4.0。可以利用吸管工具,点画面背景处的白墙做参考,然后结合直方图再进行适当微调。我们将色温调至5332,色相调至-3.5。

7 利用吸管工具选中肤色,适当加大一点选区,将亮度+8,以提亮肤色,让肤色突出、透亮。将肤色的饱和度-5,色相偏移+1。这里我们主要参考人物脸部的饱和度进行调整。

8 在皮肤色调菜单下，选中肤色，将色调均匀度+15。这里我们主要参考人物脸部和腿部的肤色进行调整，使肤色更均匀、统一。

9 正式进入色调调整阶段。首先，在高光区域加入冷色（稍偏绿的青色），原本高光区域的橙色加入青色后，变成了偏冷调的黄色，与肤色的橙色有了色相差别，会使皮肤显得更加透亮。白色背景也变成了淡淡的青色。注意，加入冷色的量一定要控制好，如果影响到中间调，说明加得太多了。

10 然后调整阴影区域。选择一个冷色调的蓝色。因为画面中的阴影区域并不多，主要是头发区域、衣服和包的深色区域，所以加少量即可。

11 阴影区域和高光区域都加入了冷色后，整体画面就会偏冷，也会影响到中间调，所以我们需要将中间调加一点暖色，将其平衡回来。我们选择的是肤色的黄橙色。调整后，画面的冷暖处于相对平衡的状态，画面看起来比较平衡和谐调。

12 对比效果。调整后的画面更显透亮，色彩更加丰富，人物更加立体，氛围更加浓郁，更能体现设计师的创意，而且画面的质感也变得更好了。

13 我们还可以将数据同步到同组作品中的其他照片上。

14 从前一张照片中复制数据，粘贴到第二张照片上。根据第二张照片的服装亮度，微调一下曝光和高光，以防止浅色衣服曝光过度。

案例2

这是一张设计师品牌的服装广告照片，是在室内利用自然光拍摄的。光线从模特的背后照射进来，画面整体背景以高调为主，属于逆光拍摄，因此在对比之下，人物显得曝光不足。

摄影/赵乐樵

1 观察画面，先将画面的对比度+15，以去除画面的灰蒙感。

2 加了对比度之后，画面的暗部区域会更暗。利用阴影工具，提亮阴影区域的细节（阴影+50），直到能看到全部的暗部细节。

3 利用高光工具适当恢复背景处高光区域的层次（高光+21）。注意在这个画面中，人物主要处在中间调和暗调里，而背景在亮调里。为了保持背景干净、透亮的感觉，只需适当恢复一些，并不需要调整到可以看到窗外的全部细节。照片的主体是人物，背景只是衬托环境和主体的，只要简单干净，和人物有亮度差，更能凸显主体即可。

4 在经典模式下，将清晰度+9。保留默认的锐化值。

5 人物整体有些偏暗,我们可以利用曲线工具提亮中间调。曲线的好处在于,调整的选区主要是画面的中间调部分,对画面的亮部和暗部区域影响较小。调整后,人物肤色的亮度更合适了。

6 画面原始的白平衡比较理想,因此无需改变。

7 在色彩编辑器下，利用吸管工具选择肤色，并把选区变大一些，把肤色都选进去。但注意，尽量不要选到画面中其他相近的色彩。适当提亮肤色，将亮度+8，可以让肤色更透亮。适当降低肤色的饱和度，将饱和度-15.9，可以让肤色的饱和度跟整体环境看起来更加谐调。

8 用吸管工具吸取蓝色服装的颜色，将饱和度-15，可以让蓝色衣服的饱和度更自然、真实。

9 利用色彩平衡工具调整色调。选择高光,加一点淡淡的青色,主要影响的是背景和皮肤上高光点的颜色。

10 选择阴影,加一点冷色,这里我们选择蓝色,主要影响的区域是头发和衣服的暗部区域。

11 对比效果。调整后的画面更显透亮,背景与人物分离开来,画面更有层次感,细节也更加丰富。

12 我们还可以将数据同步到同组作品中的其他照片上。

13 数据同步之后,可以发现,第二张照片的色温明显偏冷。

14 根据这张照片的特点进行微调。将色温的数值加300,让肤色的暖色透出来,这样两张图片放在一起更显统一和谐。

案例3

这是一张在透明玻璃房内拍摄的照片,光线为自然光,塑造了一个绅士的形象。

模特/许冠群 摄影/石伟伟

1 画面整体曝光过度,因此我们先将曝光-1,将人物脸部的亮度调整到保留一些小高光即可。

2 加对比度。为了突出男人的质感，可以适当加大对比度，因此我们将对比度的数值+25。

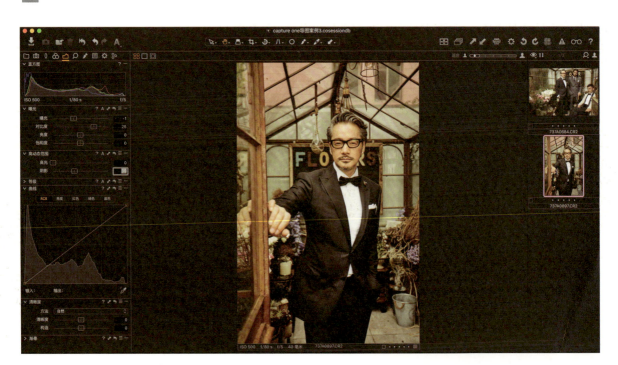

3 利用高动态范围工具，将阴影+39，以增加阴影的层次，平衡黑白灰影调的关系。但也要保留将黑色压下去的感觉，暗调不能太轻飘。

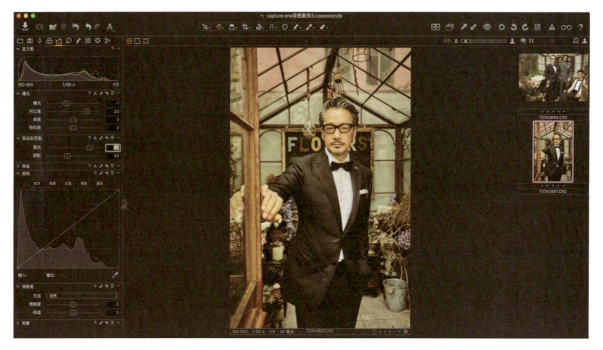

4 将高光+80，以恢复高光区域的层次。主要参考衬衫的亮度进行调整，注意仍要保留白衬衫的质感。但也不能太暗，那样会显得衣服不够整洁。

5 利用曲线工具调整RGB通道。将黑点强制上提至4（输出：4），让画面中不再有纯黑色。压暗中间调，让画面的中间调更厚重一些。曲线工具的好处是，在调整画面的中间调时，白点和黑点是不受影响的，因此画面的对比度基本不变。高动态范围工具里的高光可以恢复高光区域的层次，即压暗高光，因此画面的透亮感会减弱。

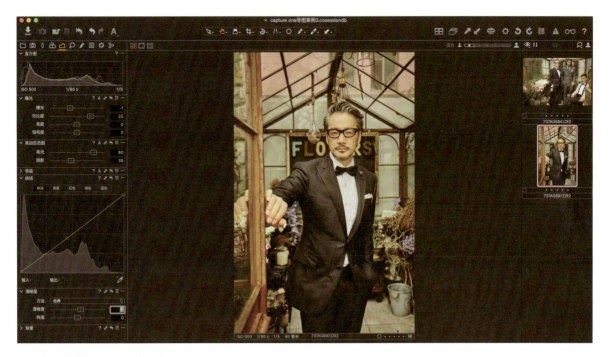

6 在经典模式下,将清晰度+11。

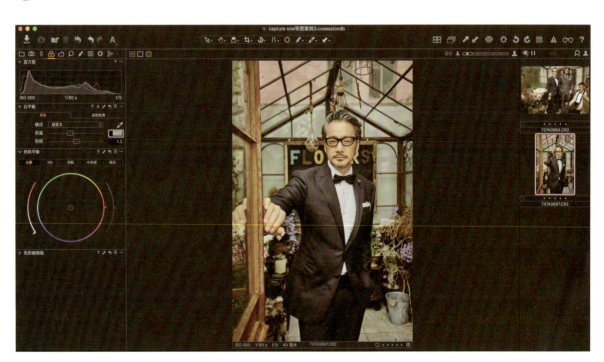

7 校准白平衡。将画面的色温由6867降至6017,减少黄色,减少画面中的暖色调。

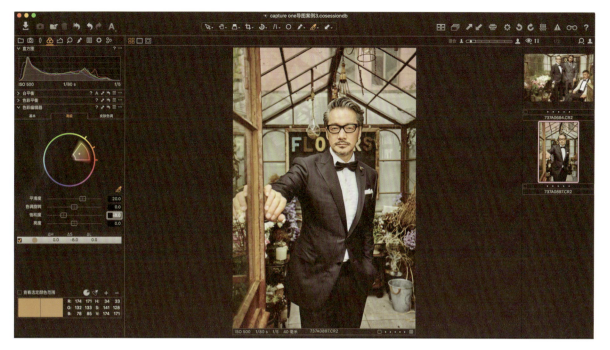

8 在色彩编辑器下选中肤色,将饱和度-8,让整体肤色显得更干净一点。

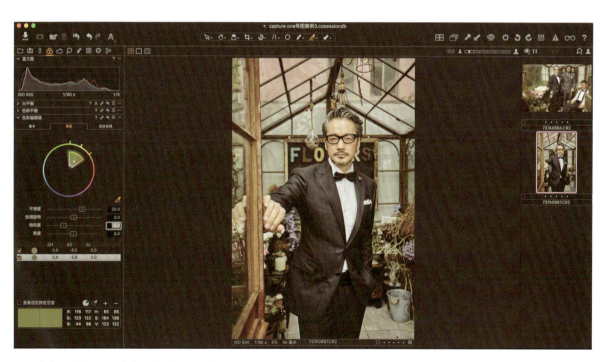

9 在色彩编辑器下选中绿色植物的颜色,将饱和度-5.9。

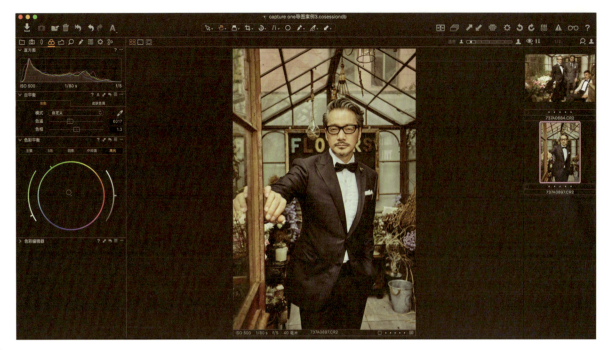

10 在色彩平衡工具的高光中加一点绿色,可以让肤色由原本的红色转变成橘黄色,这种肤色会让男人看起来更加硬朗,而衬衫的颜色则随之变成青绿色。

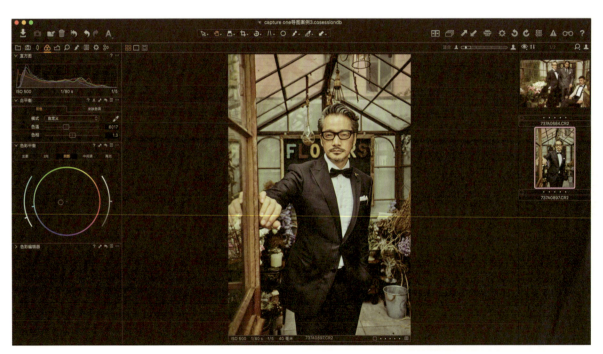

11 在色彩平衡工具的阴影中加一个冷色,这里我们选择青色,主要影响的是衣服的暗部区域。选择青色是因为青色和肤色是对比色,另外,青色与画面中的绿色比较相近。增加青色后,画面会显得比较谐调。

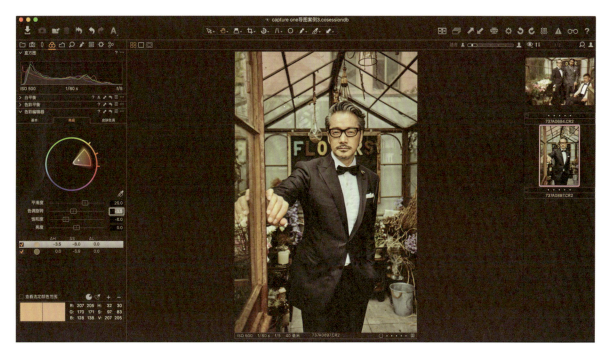

12 此时,整体肤色的色相比较单一,可以利用色彩编辑器将肤色的色调旋转-3.5,让肤色的中间调部分带一点红色,肤色会更显红润。

13 选择胶片增益,类型为立体增益,影响+20,这样可以为画面添加一层颗粒感,增强男人硬朗的质感。

对比效果。调整后的画面更显透亮,色彩更加丰富厚重,人物皮肤更有质感,色调也更浓郁

我们还可以将数据同步到同组作品中的其他照片上

同步数据后,再做微调。降低画面中绿色植物的饱和度,不要让它们太抢眼。做局部调整,降低左起第二位和第三位模特肤色的饱和度。将画面整体的饱和度-5,会让画面看起来更舒服

案例4

这是一张在外景自然光下拍摄的商业照片。场景是蓝天和沙漠,男模特牵着骆驼。画面中主要的色彩成分是橙黄色系和青蓝色系。

摄影/黎嘉耀

1 增强画面对比度，将对比度+25。数值相对较大，是为了突出硬朗的画面风格。

2 利用高动态范围工具将阴影+85。参考模特头发的亮度进行调整，以保留黑色的感觉，但要能隐约看到细节。

3 利用高动态范围工具恢复高光区域的细节,将高光调至25,让画面最亮的区域沉下来一点。这一步调整主要影响的是天空在黑白灰影调关系中的亮度层次。

4 曝光略微过了一点,将曝光-0.2。

5 利用曲线工具将曲线的最黑点上提6（输出：6），让画面不再有纯黑色。整体画面偏亮调，压暗中间调偏阴影的位置，让画面整体沉下来。

6 调整清晰度。方法选择经典，将清晰度+18。

7 将锐化半径从默认值0.8提高至1.2，以增强锐化效果。胶片增益类型选择柔和噪点，影响设置为30，为画面增加一层颗粒效果，以增强质感。

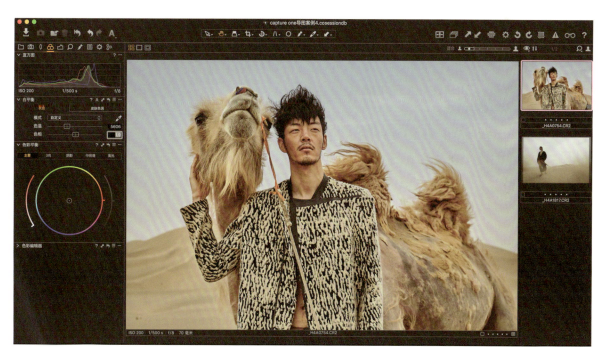

8 调整白平衡。将色温由5181调整至5606，色调由0.9调整至1.9。色温的增加会让画面更黄、更暖，沙漠开始有了本该有的黄颜色。色调的增加则可以让沙漠的黄色中再带一点红色。

9 此时，人物的肤色饱和度较高。选择色彩编辑器，高级模式，利用吸管吸取肤色，将饱和度-12.1，亮度+1.3，肤色的色相旋转+3.5，以去掉肤色中的部分红色，从而让肤色由橙红色变成橙黄色。

10 选中蓝天，将蓝色的亮度-29.1，以压暗蓝色，让天空的颜色沉下来。接着将蓝色的饱和度+68.9，让天空更纯净。蓝色的色相旋转为19.6，可以把蓝天从偏青色变为偏紫色，这样的蓝天会更显大气，更匹配沙漠的环境。稍微偏紫的蓝色，除了可与黄橙色形成对比色的关系外，还与整体画面的色彩更谐调。

11 在色彩平衡的高光中加一点青色，使人物的脸部高光颜色产生变化，这样会显得五官更加立体。

12 在色彩平衡的阴影中加一点冷色，这里我加入的是黄橙色肤色的补色——蓝色。

13 在色彩平衡的中间调中加少量红色,让沙漠带点红色,以增加沙漠的"温度"。

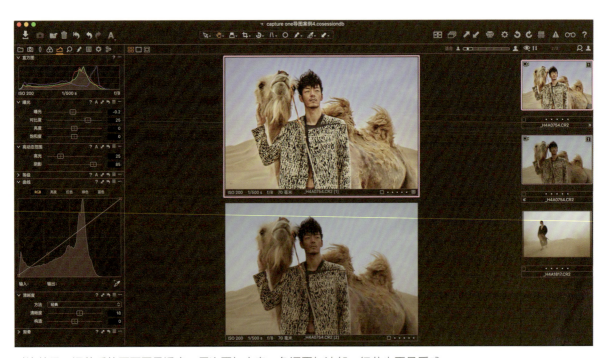

对比效果。调整后的画面更显透亮,层次更加丰富,色调更加浓郁,细节也更具质感。

我们还可以将数据同步到同组作品中的其他照片上

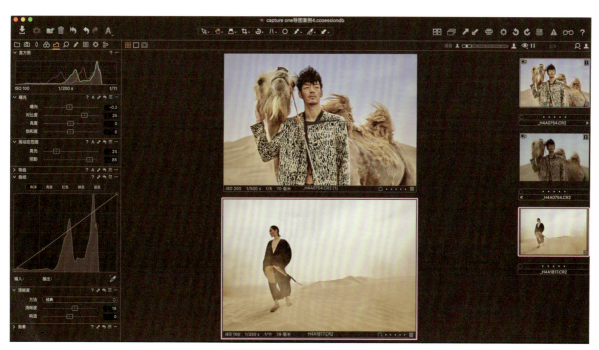

复制数据，同步后会发现，第二张照片的画面有些偏青绿色

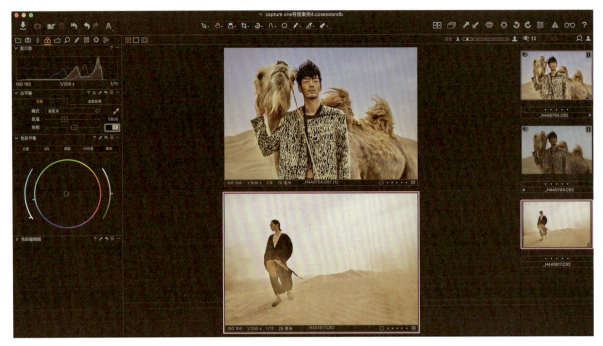

将白平衡的色相调整至3.9,加洋红,减一部分绿色

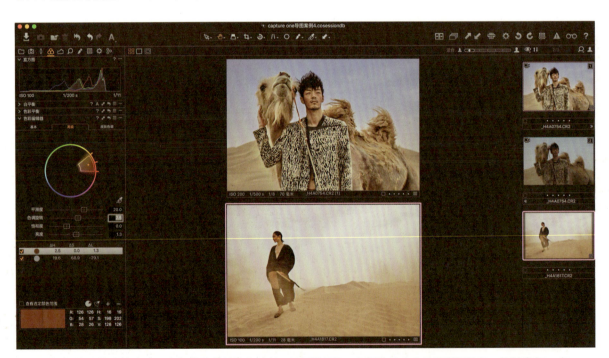

此时,人物的肤色比较暗淡,我们将肤色的饱和度从-10调整至0。色调旋转由3.5 调整至2.5,使其变红一点

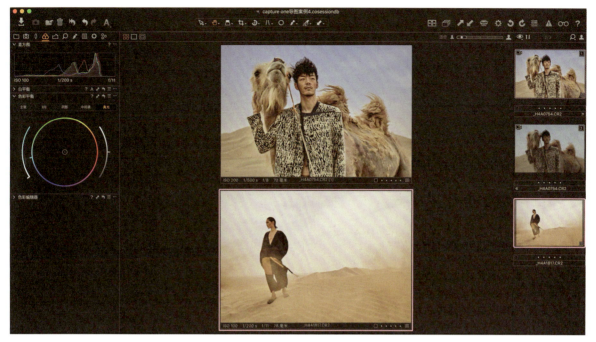

在色彩平衡的高光里,将青色去掉。本张照片中没有蓝色,且高光影响的范围太大,导致画面大面积偏青

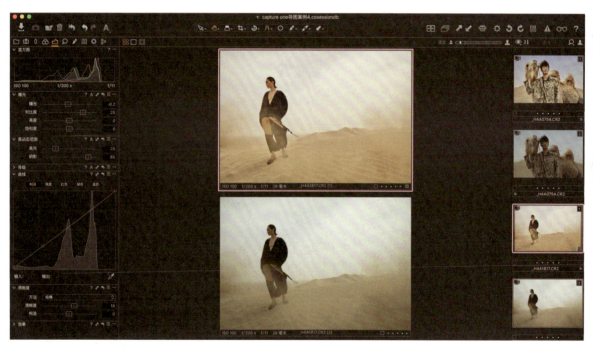

对比效果。调整后画面更显透亮,细节更丰富,色调更浓郁,氛围感更强

案例5

这张照片是在一个废旧厂房昏暗的自然光环境下拍摄的,画面空间结构和光影很丰富,女模特的穿着很中性。因为是摄影师的创作片,所以色调的调整可以大胆一些,发挥我们的创意。

摄影/孙薇薇

1 首先,增加画面的对比度,将对比度+20。虽然是女模特,但模特的妆容和气质较中性硬朗,因此对比度可以加得大一点。

2 利用高动态范围工具将阴影+55，以增加阴影区域的细节亮度，调整至可隐约看到头发和裤子区域的一些细节即可。

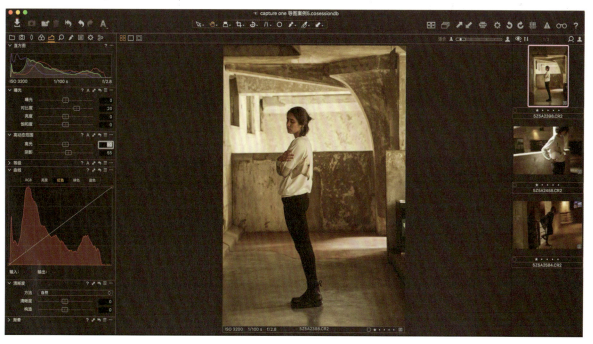

3 利用高动态范围工具将高光+55，以恢复高光区域的层次。该调整主要影响的是模特身后墙面的亮度。

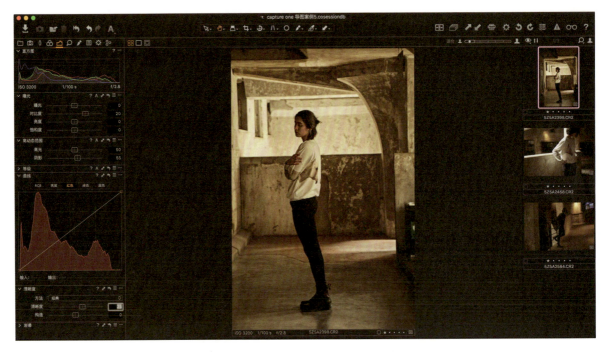

4 调整画面的清晰度。方法选择为经典，将清晰度+25，让画面更显清晰、硬朗。

5 默认的白平衡色温为5133，色调为-1.2，画面整体感觉较暖。正是由于白平衡太暖，色彩单一，画面的色调才显得过于平淡。将画面调整为冷调的氛围，会更符合模特的气质和状态。将色温降至2600，色调降至-5.5，让整体画面偏青蓝色，人物的肤色也有一点偏乌青。

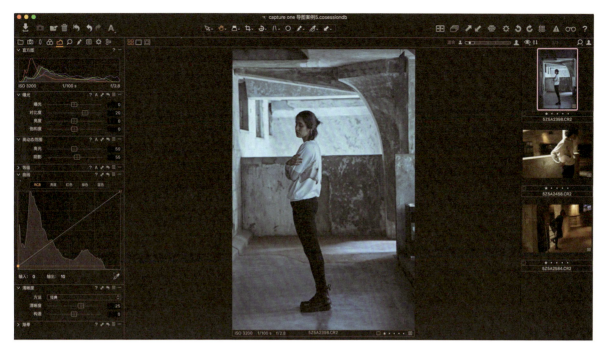

6 利用曲线工具调整RGB通道，将黑点垂直上提到10个数值（输出：10），让画面中不再有纯黑色，这样，裤子的细节将更加丰富。对比上图，画面整体的灰度舒服多了。

7 画面整体偏蓝。我们将蓝色通道下的中间调下压，加黄色，整个画面就会偏绿。

8 在红色通道中，将白点垂直下拉至231（输出：231）；在高光中加青色，保留高光冷调的感觉；将中间调上提，加红色，原本偏绿的中间调就会变暖变黄。

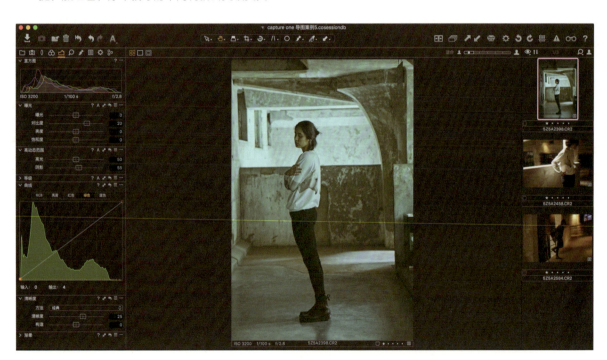

9 在绿色通道中，将黑点垂直上提至4（输出：4）；在阴影中加绿色，以增加浓郁的青绿色氛围。

10 在色彩平衡工具的高光中继续加青色，会让衣服和背景高亮处的青色更浓郁。

11 在色彩平衡工具的阴影中加蓝色，可以抵消掉最暗区域的黄绿色，让颜色沉下去，会显得层次更丰富。

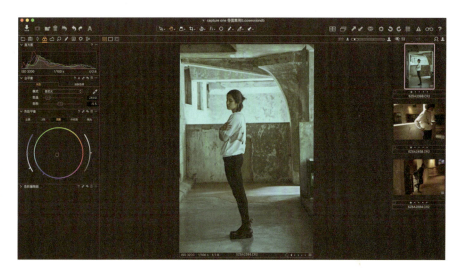

12 在色彩编辑器的高级中，利用吸管选取肤色，将亮度调整至+6.6，使肤色更突出。将色调旋转调整至-6.8，让肤色恢复正常一些。

13 最后,将画面整体的饱和度-6,让画面整体的色调更加自然。

对比效果。调整后的画面细节更丰富,色调不再单调,画面高光呈冷的青色,中间调呈暖的橙黄色,阴影则呈冷的青蓝色,层次感和氛围感更强

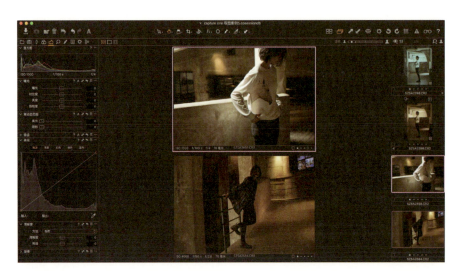

我们还可以将数据同步到同组作品中的其他照片上

同步后的照片，色调效果更加统一

Capture One导图流程总结：

第一步：分析图片，观察画面的场景、光线、人物、色彩元素等，分析怎样的色彩搭配才能烘托主体。切记，一定要先思考后操作，思考永远是第一步。

第二步：调整画面的曝光、对比度、亮度，根据原图的光比以及模特的性别、画面的风格，确定是选择硬朗的方向还是柔和的方向，决定对比度的大小。

第三步：调整画面的高光、阴影，平衡黑白灰影调关系。画面中的白不能是死白，黑也不能是死黑，都要能看到丰富的细节。可以结合曲线工具提亮或压暗中间调，让画面呈现亮调或厚重的影调。一张照片，中间调越丰富，画面越显得厚重。

第四步：调整画面的质感，如清晰度、晕影、锐化、颗粒等。

第五步：调整画面的白平衡。色温和色调是调色的基础，根据画面来判断，是保留正常的色温色调，还是做创意改变。

第六步：利用色彩编辑器调整人物的肤色和画面中的其他色彩。肤色主要是提亮，其他色系通常会压暗。另外，饱和度的关系和色相的偏移要谐调。肤色可适当均匀，但不能太统一，否则会失去颜色的层次变化。

第七步：开始整体色调调整，利用色彩平衡工具进行。高光经常加冷色，比如青色、蓝色；阴影经常加冷色，比如蓝色；中间调不动或加一点暖色，平衡好整体画面的冷暖关系即可。也可以结合曲线工具，进行影调调整和色调调节。一定要注意，既要有对比关系，又要谐调统一。

第八步：尝试降低一点整体饱和度，看看效果会不会更好。检查画面，进行细化微调。

第九步：同步同组拍摄的其他照片，再结合每一张照片本身的特点进行微调。

第十步：选择处理配方，输出。

第七章

Photoshop调色工具的应用

在本章中，我们将为大家详细讲解Photoshop中的调色工具，以及在实际操作中常会运用到的一些技巧。Photoshop中的调色工具众多，每个工具都有自己的用法和特点。当我们心中有了调色的方向，明确了想要达到怎样的效果以后，应当如何选择合适的工具进行调色呢？只有当我们非常熟悉这些工具时，才能更加自如、高效地运用它们，完成调色工作。下面，就来逐一讲解Photoshop中常见的调色工具。

7.1 可选颜色

可选颜色（图像-调整-可选颜色）是Photoshop中最简单、最常用的调色工具，一共有9个颜色选项，分别是红色、黄色、绿色、青色、蓝色、洋红、白色、中性色、黑色。其中，前6个颜色代表对应色相上的选区，而白色、中性色和黑色则代表亮度上的选区，其选择的范围不是单一的某种颜色，因此范围更大。

每一个颜色选项下，还有4个调整选项，即色光三原色的三个补色：青色、洋红、黄色，再加上黑色。调色的原理是通过加、减三个补色的比例，使颜色产生变化，从而达到调色的目的。但需要注意的是，这里的3个调整选项分别是青色、洋红和黄色的百分比。

如下图所示，对一个50%的中性灰进行可选颜色中性色调色。不同方向数据的组合，会发生不同的色彩变化。

1. 减三原色的补色，也就是加三原色时，色彩的明度会提高。相反，加补色的时候，色彩的明度会降低。

2. 对三个补色进行相同方向、相同数值的调整，只会改变亮度，不会发生色彩变化。

> 小贴士　前面讲过，我们之所以能看到光的颜色，是因为光的成分里，红色、绿色、蓝色处于失衡的状态。当我们对青色、洋红、黄色三项调整的方向和数值相同时，红色、绿色、蓝色三项还是平衡的，故色彩不会改变，变的只是亮度，如下图第五行所示。另外，当我们对三个补色进行相同方向、不同数值的改变时，例如青色+5，洋红+6，黄色+7，黑色0，其效果等同于青色+0，洋红+1，黄色+2，黑色+5。

3. 想要得到某种颜色，比如红色，我们可以直接减青色变红，如下图第一行第一列所示；也可以加另外两个补色，利用洋红和黄色相加得出红色，如下图第二行第一列所示；还可以通过上述两种方法组合得到，如下图第三行第一列所示。这三种方法得出的红色色相相同，但饱和度和明度却大不相同。因此在实际应用中，一定要清楚地知道常见颜色的加减法。另外，还要注意利用可选颜色调色时，对色彩明亮度的影响。

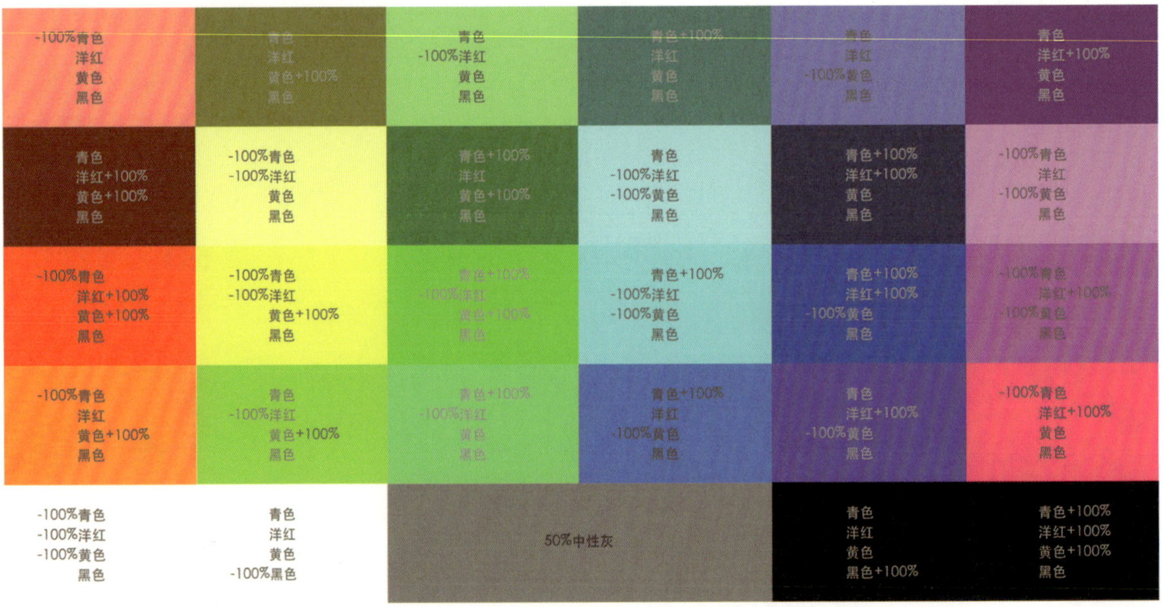

前面我们只是对中性灰进行了调色示范，其他有色的选区则更复杂，必须要知道调整完数值之后，加的是什么颜色，再把这个颜色加到本身的颜色之上，才能得出最后的色彩倾向。

比如，我们调红色选区，减青色，等于加青色的补色，即红色，因此红色会变得更红、更亮。加青色，等于减红色，红色则会变暗。减洋红，等于加洋红的补色，即绿色，因此红色会倾向于橙色或黄色，变得更亮。加洋红，红色则会变得更红、更暗。减黄色，等于加黄色的补色，即蓝色，红色会向洋红的方向改变，变得更亮。加黄色，红色则会向橙色的方向改变，变得更暗。减黑色，等于加白色，红色的明度会提高。加黑色，红色的明度则会降低。如果加其中两个补色，比如加青色和黄色，相当于减另一个补色，即洋红，也就是加绿色，在红色的基础上加绿色，红色最后会变为橙色。

这需要用到我们前面讲到的三对互补色和常见颜色的加减法。当然，我们也会经常结合着几个数据一起调整。但不管怎么加，都是在红色的基础上改变，变化的范围是有限的，结果都是变为红色的类似色。因此，你必须熟练掌握颜色的加减法知识，才能在调整的过程中灵活快捷地确定方向并达到目的，而不是没有方向地调来调去，靠碰运气。

可选颜色有两个模式：相对和绝对。相对是一种较智能的算法，比较常用。而绝对是强加强减，效果较生硬，用得少一些。

可选颜色调色案例

这是一张在户外拍摄的服装广告片，利用可选颜色调色前的效果如下图所示。

图片来自/太平鸟电子商务有限公司

1 首先我们调整白色。白色的选区很小，也就是画面中的高光区域。如果在正常的色温下，想要呈现出阳光照射下温暖的泛黄效果，可以加一点暖色调的黄色（+27），让整体画面的高光区域覆盖上一层淡黄色，画面的色调就会变得更浓郁。但随之而来的问题是，画面没有之前那么透亮了。因此在加黄色的同时，可以减点洋红（-10）。此时，肤色的高光区域就会变成黄色偏一点绿色，与原本的橙色肤色产生色彩反差，就会显得更透亮。

2 白色选区加冷色时，我们主要选择蓝色（黄色-21）和青色（+5），这样可以让画面的高光区域带一层冷色调，与皮肤基底的暖黄色形成反差，显得更加干净、透亮、清爽。让高光区域带点冷白，也是现在比较流行的调法。

3 白色选区减黑色，可以让画面的高光区域更亮。选中人脸，羽化得出选区之后，建立可选颜色，白色选区减黑色（-29）。由于白色的选区很小，只有人脸处的高光被提亮。调整后的效果非常好，五官显得更加立体。

4 接下来我们调整黑色，也就是画面阴影中最黑的区域。前面我们提到过，阴影区域通常都会选择加冷色。蓝色、青色、紫色是最常见的阴影色彩倾向，与肤色的橙黄色是补色的关系，冷暖对比会让画面的色彩更丰富，层次也更鲜明。

255

先试着加蓝色，因为从美术三原色补色关系上讲，与肤色的橙色互为补色的是蓝色。然后再考虑是只加蓝色，还是往青色或紫色的方向偏移。如果画面中有大面积的红色，阴影在加蓝色的基础上，可以再加少量洋红。

> 小贴士　这是因为洋红=蓝色+红色，直接加红色，画面会变亮、变飘，加洋红则会沉稳很多。

这样，阴影区域就变成了蓝色偏紫，既有反差对比关系，又加入了共同的颜色元素，调和了画面。

这张照片的阴影区域加蓝偏紫一定不会难看，但紫色容易显脏且俗套。让阴影区域偏蓝色和青蓝色则更大方、更主流，因此，我们将黑色选区的青色+3，黄色-5。

5 微调中性色。中性色影响的范围非常宽广，因此，即便微调数据，效果变化也会很大。如果想让画面中人物的肤色更显红润，可以加一点洋红；反之，当肤色太红时，可以适当减洋红。当画面整体太冷、偏青偏蓝时，可以适当加一些红色和黄色；反之，当画面太暖时，可以适当加一些青色和蓝色。调中性色没有固定的方向，常常用来校准画面整体的色调偏移，或是增加整体画面的色调氛围。

6 对画面中的其他颜色进行单独调整。比如，想让人物的肤色红润一点，可以在红色选区中加一点洋红，再减一点黄色；想让人物的肤色偏橙黄色一点，可以加一点黄色，再减一点洋红。本案例中，人物肤色中的洋红不多，所以我们只做了加黄色的处理（+8）。如果想让肤色里的黄色偏红一点，可以在黄色选区中加点洋红，再减点黄色。我们常说的中国红，其实就是在红色选区中加一点蓝色调出的。调蓝天和海水时，则主要调整青色和蓝色选区，方向是继续加青色，并配合加蓝色。

单个颜色的调整主要有两个方向，一是让这个色彩与整体画面的色调更谐调统一，二是让这个颜色更纯正、突出、干净、透亮。

绝对模式

想要学会使用绝对模式，首先我们要理解一点：可选颜色中每个颜色的调整界面下的四个调整项颜色分别为青色、洋红、黄色、黑色，前三个都是三原色的补色。也就是说，将滑块向左滑动时，加的是三原色，其颜色会变亮；向右滑动时，颜色则会变暗、变重。

下一小节，我们将讲到如何利用曲线工具将白色调成蓝色。其实可选颜色的绝对模式更方便快捷。如右图所示，想让曝光过度的白色天空恢复一些颜色和细节，不用做选区，直接利用可选颜色的绝对模式，在白色中加一点青色和少量的洋红，就能调出淡淡的蓝色天空了。之后，再在蒙版上拉一个渐变。让天空有一个亮度的渐变会更显真实。面对类似的问题时，由于可选颜色里自带白色选区，相比曲线调整的方法，可选颜色的绝对模式更好用。

在可选颜色里,白色是无法直接调出三原色的,需要加另外两个原色的补色才能调出。例如,我们想要将白色调成蓝色,直接减黄色是没用的,白色再亮也还是白色。需要我们加另外两个原色的补色,也就是青色和洋红,才能调出蓝色的效果

7.2 曲线

曲线是Photoshop中最强大的调色工具之一。其水平轴代表黑白灰的选区范围,垂直轴代表亮度值。曲线内的波动代表的不是亮度,而是某一亮度值在画面中分布数量的多少。

曲线工具中有4个通道:RGB、红、绿、蓝。初始状态下,曲线的默认值是一条从左下角到右上角的直线。

曲线可以用来提亮或压暗画面,可以加、减画面的对比度,可以调出千变万化的色调。下面我们就结合具体案例,来讲一下曲线的使用技巧。

曲线调整画面亮度

黑白灰影调关系是一张照片看上去舒不舒服的重要基础。在实际修图过程中,如果遇到以下几种情况,我们就可以利用曲线工具来调整画面的黑白灰影调关系。

图片来自/太平鸟电子商务有限公司

这是一张在室内拍摄的服装广告片,光线柔和,画面唯美。

1 我们选中某个点,例如输入100,输出118,代表原本亮度100的区域,现在的亮度为118。数字变大,画面会变亮,整条曲线除了黑点和白点不变之外,其他选区会随之线性变亮。越靠近100亮度的选区,变化越大。此种调法的特点是,画面最白点和最黑点是不变的,对比度也不变,主要改变的是画面的中间调。加一个中间点来调整曝光,也是曲线的最基础用法。

2 当画面曝光不足时，我们用步骤1的方法将其提亮。如果画面中没有接近纯白的高光点，可以选择将白点255水平向左拉，例如拉到245，那么原本在245～255范围内的选区，会全部提到255的亮度。画面有了白色，就会变得透亮。

当我们选择黑点0，将其水平向右拉，例如拉到10时，那么原本在0～10范围内的选区会全部变成0的亮度，也就是变成了黑色。画面中的黑色下沉会使画面变得更稳重。

3 当画面中白色显得太白或黑色显得太黑时，我们可以将白点255垂直向下拉，例如，将其从原本255的亮度变成235（也就是输入255，输出235），调整后画面中最亮的区域亮度变为235，也就没有了纯白色。同样，当我们将黑点0垂直向上拉时，例如输入0，输出10，调整后画面中最暗的区域亮度变为10，也就没有了纯黑色。

4 当画面太灰、对比度不够大时，除了可以用对比度调整选项进行调整以外，也可以用曲线工具调整。将亮调部分提亮，使其变得更亮，将暗调部分压暗，使其变得更暗，就可以达到增加中间调对比度的效果。

曲线调色

首先，我们必须了解曲线通道调色的原理。

如果现在我们想将一块白色区域变成红色，应该怎么调呢？大部分人的第一反应是调红色通道，选中红色通道，将0点强制垂直上调。但你会发现，画面没有反应，这是因为色光的加色原理，白色加原色，增大发光量，会继续变亮。白色已经是最亮的色彩了，所以这样是无法将白色直接变成红色的。我们可以通过减另外两个通道颜色（即绿色和蓝色）的方法来实现，也就是将绿色通道和蓝色通道的255点都强制垂直下拉到底，如下图所示，这样只剩下红色通道发光，就可以达到调成红色的目的了。你也可以这么理解：减绿等于加洋红，减蓝等于加黄，洋红加黄得出红色。以此类推，绿色可以靠减红和蓝(或加青和黄)调出，蓝色可以通过减红和绿(或加青和洋红)调出。

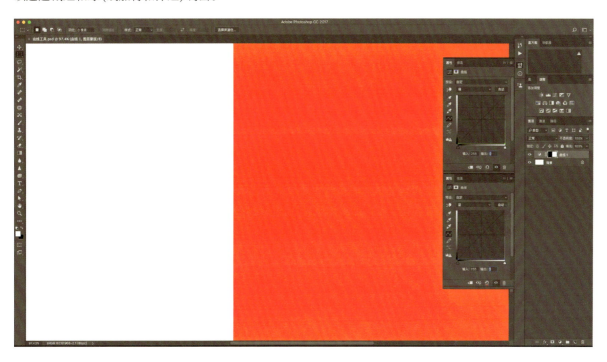

以上我们说的只是原色，在实际运用中，必须将三个通道相结合，按不同的比例混合，才能得到你想要的颜色。

例如，一张照片的天空因吃光而变白，我们想让天空有一点浅蓝色的感觉，就可以在红色通道中将255下拉至205，使白色变成浅青色；在绿色通道中将255下拉至245，再加一些洋红。青色加洋红，色相会偏蓝色，这样白色最终就变成了浅蓝色，如下图所示。但还需注意，天空不是一个色块，要有渐变，后面我们会进行详解。

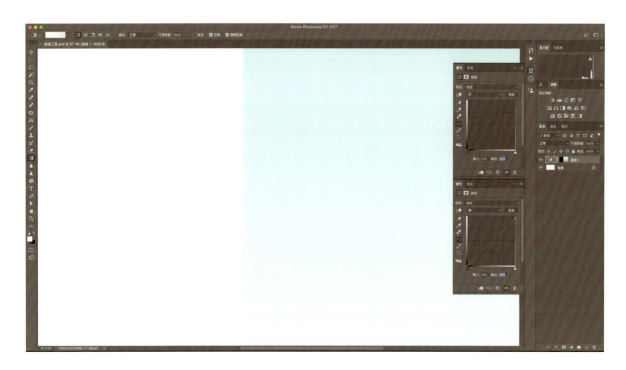

蓝色通道

在红、绿、蓝三个通道中，可调性最大的是蓝色通道。这是因为蓝色的补色是黄色，而黄色是肤色的主要成分，也是阳光下场景的主要色调，所以曲线调色时，我们优先调整蓝色通道。

1 想让画面的中间调呈现出暖黄色调，可以将蓝色通道的中间调下拉，而画面高光的白点和阴影的黑点都保持不变。

2 如果想让画面的高光区域呈现出一点冷调，可以将白点255水平向左拉，这样就可以使画面的高光变蓝变冷，并抵消掉一部分中间调的黄。

3 如果想让画面多一点冷暖对比，可以将画面上的黑点0垂直上拉，使画面的阴影区域偏向蓝色，抵消掉一部分中间调的黄。

4 想让画面的高光区域呈现出暖黄色，可以把白点255垂直下拉，如上图所示，画面的高光区域会强制变黄、变暖调。

红色通道

红色通道关乎画面中的红色和青色。如果想让画面中的高光区域呈现冷青色，可以直接下拉白点255。这时候画面可能会整体偏青，将中间调适当提起来一点，加红，可以恢复一些。高光和阴影都直接偏红的概率并不大。

绿色通道

绿色通道关乎画面中的绿色和洋红，这两个颜色对画面最大的影响是人的肤色。如果肤色太红，可以利用曲线中的绿色通道减洋红，将白点255向左移。肤色中的红加了绿之后，色相会往黄的方向走。如果整体肤色偏洋红，可以把中间调直接提起来一些，使其平衡回来。

大部分调色过程都需要几个通道配合着来调。例如，想画面的高光呈透亮的青色，就可以大幅度地将蓝色通道中的白点255向左移，配合小幅度地将绿色通道中的白点255向左移，让高光呈现冷青色的效果。如果想让画面的阴影呈青色，一般我们不会直接加青，而是通过上提蓝色通道和绿色通道中黑点0的方法来实现。此外，还要把握好调整的度，这样才能调出好看、耐看的色调。

想要学会曲线调色，必须熟练运用光的三原色和补色、颜色的相加相减原理，再综合所有通道，通过对每一个通道中阴影、中间调、高光进行不同的色彩改变，最终组合出新的阴影颜色、中间调颜色和高光颜色，达到调整整体画面色调的目的。

7.3 色彩平衡

色彩平衡有三个选区：阴影、中间调、高光。每一个选区下，是三对互补色。右侧是原色，所以理论上讲，关掉"保持明度"模式，往右加原色会变亮，往左加补色会变暗。开启"保持明度"模式后，三对互补色，加其中两个原色等同于减第三个原色。比如红色加100，蓝色加100，效果等同于绿色减100。

色彩平衡下的阴影、高光和可选颜色的黑色、白色，选区范围有很大区别，色彩平衡中的高光、阴影选区比可选颜色中的白色、黑色大得多。所以调高光的色调时，画面中所有亮部，包括部分中间调都会受影响，阴影也是一样。而色彩平衡中的中间调和可选颜色中的中性色选区范围接近。另外，可选颜色在调色过程中，亮度变化较小，而色彩平衡的亮度变化较大。

Photoshop中色彩平衡的实际用法，与Capture One中色彩平衡的调整方向基本一致，习惯将高光调整成青蓝色（偏青色多一点）的冷色调，中间调不动或带点暖调，将阴影调整成偏青蓝色（偏蓝色多一点）的冷色调。这样画面就会有三层色彩冷暖关系。

开启"保持明度"模式，在调色的同时，画面亮度也会随之变化。比如调高光时，加任何颜色，画面都会变亮，调阴影时则会变暗。调色的同时，画面的对比度也会随之变大，画面会变得更透亮，这是色彩平衡工具的一个重要特点。在修图的过程中，我们一定要合理利用每一个工具的独特之处。

7.4 色相/饱和度

色相/饱和度工具也是我们最常用的调色工具之一，可以用来改变颜色的色相、饱和度及明度，最主要的用处有以下四个。

1. 经常用于局部加减饱和度，如降低画面中某一个色块的鲜艳程度。

2. 当画面中某一个颜色的色相偏移时，如肤色太红，就可以将红色的色相向右加一点，会让肤色更好看。当遇到某一个颜色不纯正时，我们首先需要把这个颜色的色相调整正确。

3. 明度用到的概率小一些。某一个颜色，如背景中的一块红色很鲜艳、很突兀，这时候我们首选降低红色的明度，红色就会沉下去，饱和度也会随之降低，效果比直接降饱和度更好。

4. 着色。除了调整色相、饱和度、明度以外，色相/饱和度中还有一个着色功能，用来强制统一颜色。例如，一件纯色的衣服脏了一块，我们就可以先选中这里，羽化，然后用吸管工具吸取一个正确的颜色，查看色相和饱和度值，添加色相/饱和度图层，勾选"着色"，这时候选区里所有颜色都会变成统一的色彩。但颜色可能会发乌，与周围不谐调，可以根据情况再对色相、饱和度和明度进行修改，使其达到与周围颜色统一的效果。

在实际修图的过程中，我们经常会遇到肤色不均匀的情况，特别是冬天，模特的手和腿经常会被冻得青一块紫一块，非常影响美观。这时候，我们就可以利用色相/饱和度工具来统一肤色，让肤色均匀谐调，具体操作方法请参见1.1.9。

7.5 自然饱和度

自然饱和度也是我们经常用的工具。在导图的时候，饱和度通常不会降太多，而是会留有余地。因此在进入Photoshop之后，当修图进行到最后阶段时，就有可能需要降低画面整体或局部的饱和度。

当人物肤色的整体饱和度过高时，如果使用"色相/饱和度"工具来降低红色和黄色的饱和度，你会发现，色彩会变灰，层次感也会变差。而利用"自然饱和度"调整后的效果，色彩层次丰富，肤色也会更加红润自然。所以在这种情况下，应首选"自然饱和度"工具。

在几个工具都可以达到同一个目的的时候，一定要知道每一个工具的特点和它们之间的差别，这样才能选择最合适的工具。

当人物肤色的局部饱和度过高，如脸周围的发际线处饱和度太高时，可以用以下两种方法进行调整。

1. 建立自然饱和度图层，将饱和度-15，反相蒙版成黑色，用硬度为0、透明度为20左右的白色画笔局部涂抹饱和度过高的区域，结合调整饱和度的数值，直到其与周围肤色的饱和度谐调为止。

2. 复制新图层，选择海绵工具，模式选择"去色"，流量为10左右，局部涂抹饱和度过高的区域，直到其与周围肤色的饱和度谐调为止。

7.6 亮度/对比度

进入Photoshop之后，如果发现照片的亮度和对比度需要调整，就可以用亮度/对比度工具。例如，画面的亮度不够，或对比度差一点，就可以用亮度/对比度工具来进行补偿。新版本Photoshop中的亮度/对比度工具非常好用，与旧版本相比，调出来的画面效果更加干净、透亮。

7.7 色阶

我们通常不会用色阶来调色，这是因为在色阶中每个通道下可调整的点只有三个，远没有曲线灵活多变。但是，因为可以最直观地看到直方图，根据直方图我们就可以调整画面的动态范围，所以，色阶通常被用来调整画面的黑白灰关系。

7.8 黑白

黑白是Photoshop中将照片调成黑白效果最好用的工具，其特点是可以单独改变每一个颜色的亮度，也就是在黑白模式下的灰度。和Camera Raw里的HSL灰度混合模式算法一致，只是少了两个颜色选项——橙色和紫色。橙色是肤色的颜色，所以当我们在Photoshop内部调黑白效果的时候，无法直接调整橙色，只能通过调整大部分的红和少量的黄来调整橙色。这也是我在将彩色照片变为黑白照片时首选的工具。

7.9 颜色查找

颜色查找是Photoshop最近几个版本才更新的新工具，它原本是一个影视调色中统一色调的工具，原理是，根据预设的颜色查找表，对每个像素的每个通道都单独查找颜色，达到调色的目的。所以在用的时候，我们无法更改其内部数据，只能做透明度改变。也无法自己创建颜色查找的预设，只能用Photoshop中的自带选项或在网上下载。

颜色查找最大的特点是可以在改变画面整体色调的同时，对画面的一些颜色做出层次的改变，调出来的效果非常浓郁、统一，像电影效果。具体的用法请参考第八章案例中的应用。

第八章

人像摄影调色全过程案例解析

　　前面我们已经讲解了如何修饰人物的皮肤、如何液化,也讲解了色彩的基础理论知识、导图的方法以及Photoshop调色工具的应用。在这一章中,我们将结合大量不同类型的案例,还原从原片到成片的修图全过程,告诉大家拿到一张照片后应该如何思考、如何制定恰当的色调方向,如何将一张照片修得更高级。

　　本章列举的案例中,有棚拍,有外景拍摄;有在闪光灯下拍摄的,也有在自然光下拍摄的。步骤包含了导图、修饰皮肤、液化、调色等详尽的修图全过程。

8.1 室内纯色背景女装广告案例

这是一张在棚内拍摄的女装广告照片。画面中蓝色的背景与模特身着的红色衣服、手中拿着的红色可乐瓶是两个饱和度很高的色彩,且相互撞色,成为画面中最大的亮点。

原片 模特/高雨璇 摄影/之南

1 利用Capture One软件进行导图,将对比度+15,以拉开画面的亮暗层次。

2 利用高动态范围工具将阴影+18,以增加阴影区域的层次。

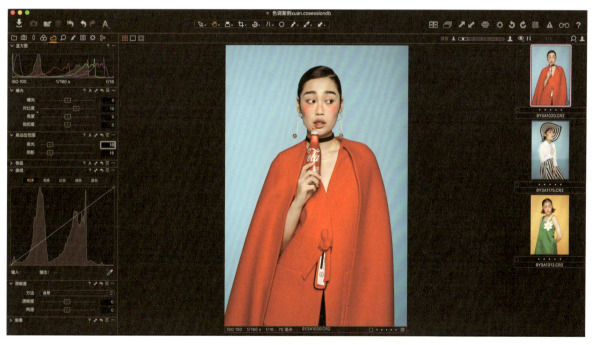

3 利用高动态范围工具将高光+18,以恢复高光区域的细节。

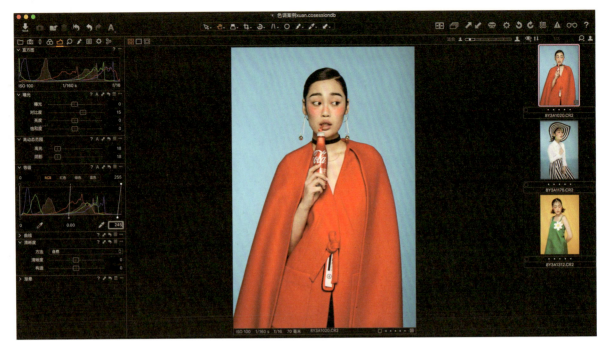

4 利用等级工具强制提亮白色，让画面更显透亮。

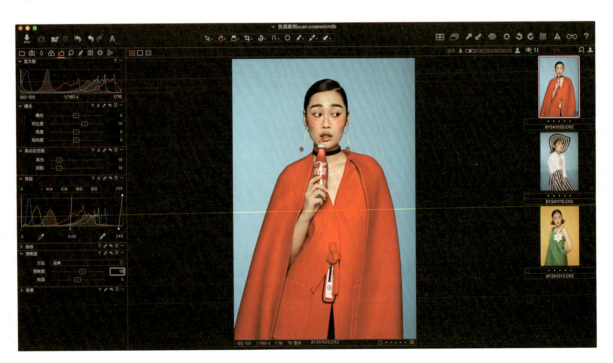

5 在"经典"方法下，将清晰度+19。

6 胶片增益类型选择"良好的颗粒",影响数值为15,可以给画面增加一层颗粒质感。

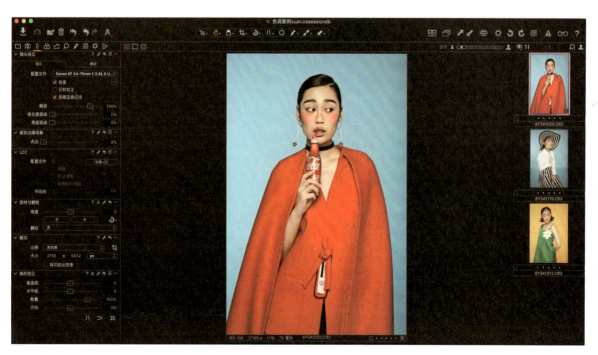

7 将镜头校正下的畸变由100%降到0%,可以让模特的脸和身形更加显瘦。

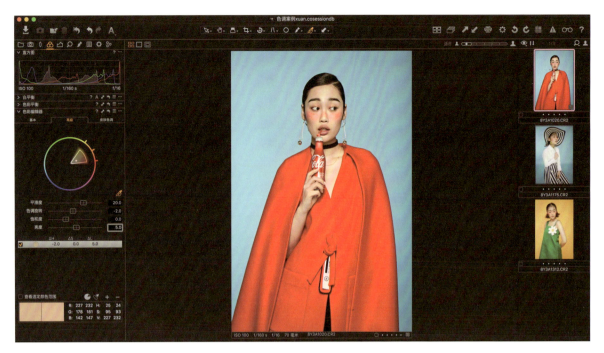

8 原片的色温已经很合适了,因此无需再做改变。接下来,进入色彩编辑器,在高级模式下,用吸管吸取肤色,将亮度+5,让肤色更显透亮。注意调整选区时,尽量少选衣服上的红色。

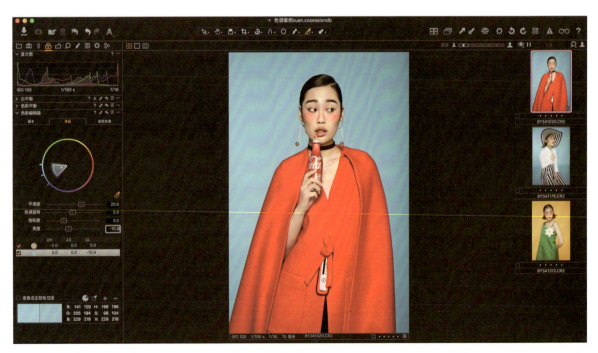

9 利用吸管工具吸取背景处的蓝色,压暗其亮度(-15.9),可以将背景处因受光而显得发白的区域压暗一点。

10 利用吸管工具吸取服装上的红色，并缩小选区。注意，尽量不要选到肤色。这里我选到了部分腮红和眼影，这是避免不了的，但好在影响不大。

11 选中红色衣服之后，将红色的亮度-7，饱和度-10，让衣服的红色更沉下去一点。

12 利用色彩平衡工具，在高光中加一点冷色，这里我选择的颜色是青色。

13 在阴影中同样加一点冷色，即青色。虽然加了冷色，但由于画面中的阴影区域很小，所以效果并不明显。

14 在中间调中加一点暖色，即黄橙色，以平衡高光和阴影中的冷色。

15 将数据同步到同组的另外两张照片中。

16 进入Photoshop。

17 首先修去画面中的脏点，利用双曲线修饰人物皮肤的光影关系。

18 修掉服装上的标签,并对服装和模特的身形进行合理液化。

19 对模特的脸形进行合理液化。

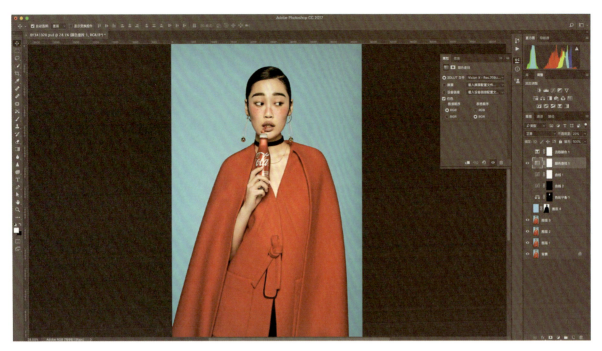

20 添加颜色查找图层，3DLUT文件选择为Vision X-Rec.709.cube（非软件自带选项，需自行下载），将不透明度降低至20%。这时候人物的肤色会轻微变黄、变重，背景处的蓝色也会随之变重。

21 添加可选颜色图层，颜色选择黑色，将其下面的黄色-5%（等同于蓝色+5%），洋红+1%，即在画面中加入一点冷色（即蓝色），同时让画面多了一点洋红。

22 利用曲线工具，将曲线设置为S形曲线，以增加画面亮调和暗调的对比度。

23 利用色彩平衡工具，在高光中加入冷色，红色-2（即青色+2，将滑块向左拉），蓝色+2，让高光更显透亮。

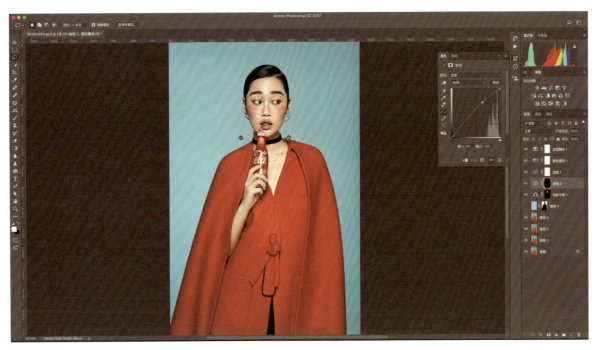

24 利用色彩范围工具选出模特脸上的高光，结合曲线工具进行提亮，让模特的脸部更显立体、透亮。

25 新建一个背景的蓝色，利用色彩范围工具对背景进行抠图，得出背景选区，少量羽化，然后利用色相/饱和度工具微调蓝色的色相、饱和度和明度。此处我选择的是色相为200的青蓝色。最后将图层的不透明度降低至80%，以保留一点原图的渐变关系。

最终效果：调整后的画面更显干净透亮，背景颜色更统一，色彩更纯正，色彩间的碰撞感更强烈

在本案例中，有以下两点需要注意：第一，对背景亮度的处理。背景是对人物的一个衬托，通常情况下不能太亮、有发光的感觉，而是需要干净、有平面感、光照匀称，这样才能让画面看起来更加精致、高级。在某些情况下，可能会需要一些渐变匀称的暗角，让画面带一些空间感。但无论怎样，画面中的背景都不应该过分突出。第二，纯色背景的色彩相对单一，这时候需要让背景的色彩更纯净统一，不要有过多杂色，饱和度也要与主体匹配。在本案例中，高饱和度的红色服装匹配一个高饱和度的背景，增强了撞色的效果，从而让画面更有力量感。

8.2 室内搭景内衣广告案例

这是一幅女士内衣的商业广告,是在室内进行搭景拍摄的。整体画面呈现暗调的氛围,很有质感。色彩以红色为主,附带少量的橙色和金色。

原片 摄影/张悦

1 利用Capture One进行导图,首先将对比度+12,以增加画面的对比度。

2 利用高动态范围工具将阴影+30,以增加阴影处的细节。

3 画面的原始白平衡色温为5397,色调为-0.4。可以看出,整体画面色温偏暖。

4 校准白平衡，将色温调至4910，色调调至0.1。调整时，可参考画面右上角的白色道具。

5 利用色彩平衡工具，在高光中加一点偏青的蓝色。原片整体画面有大量的红色和橙色，都是暖色调。通过在高光中加冷色的方法，来平衡画面的冷暖关系。

6 在中间调中加少量蓝色，以抵消少量的黄色，调整画面的白平衡。

7 为了突出整体画面的红色氛围，让红色更正，将饱和度略提高，即将饱和度+5。

8 对比效果：调整后的画面更显透亮，细节更加丰富，色彩还原更加准确，突出了产品本身的红色，使其显得更富质感。

9 导出照片，进入Photoshop。

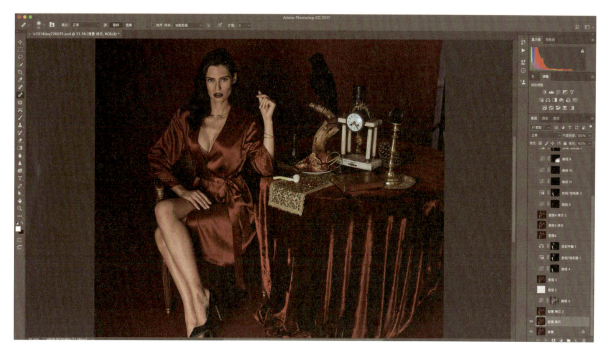

10 去除模特脸上的痘痘，修去脏点。

1 利用快速选择工具单独选出肤色，利用曲线工具进行提亮。

2 将皮肤修饰干净。

3 补齐画面右上角缺失的背景。

4 修掉杂乱的头发。

5 修掉衣服上的部分褶皱。

11 利用色彩范围工具选中画面中的高光区域，适当羽化。利用曲线工具稍微提亮一些，让画面的高光区域更加透亮。

12 新建一个空白图层，将图层模式选择为叠加模式，用白色画笔涂画头发上的高光区域，让头发更有光泽和质感。

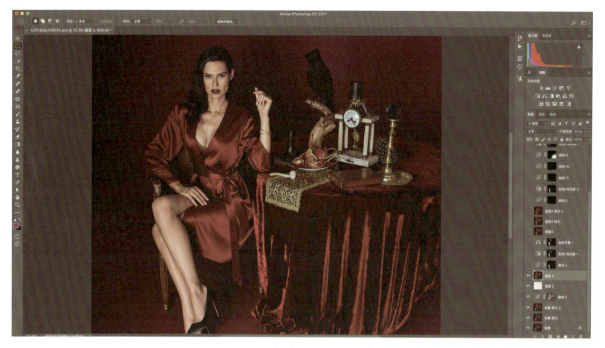

13 盖印下方图层，进行液化。将模特的美人尖略微收短一些，使下巴略微变长，以柔和她原本有些显方的脸型。同时，将她的腰和腿也液化得瘦一些。

14 选中双腿区域，羽化并适当压暗，以平衡其双腿和脸部的亮暗关系。

15 利用色相/饱和度工具的着色功能，选中皮肤区域，少量羽化，进行着色。最后将图层的不饱和度降至30%，降饱和度的同时，也可以让肤色更加统一。

16 利用色彩平衡工具，将高光中的蓝色+1；中间调的红色+6、蓝色-3（即黄色+3）；阴影中的红色+4、蓝色+2，以修正使用着色工具导致的肤色发乌的问题。通过着色和色彩平衡工具的调整，使肤色变得更统一，皮肤上的高光更显干净。

17 进一步修饰细节，让画面变得更加干净。

18 再次液化腿形，并对发际线处适当压暗，以突出五官。

19 原片中模特的左右胸给人一大一小的错觉，可以利用光影关系，加大模特右侧胸部的轮廓，同时收小左侧胸部的大小，以达到左右胸大小平衡的目的。修正画面右侧桌子上的道具，减弱椅子腿上的高光。

20 利用曲线工具，将黑点垂直上拉至3，让画面暗部没有死黑。将中间调下压一点，以保持画面的中间调和高光不变。

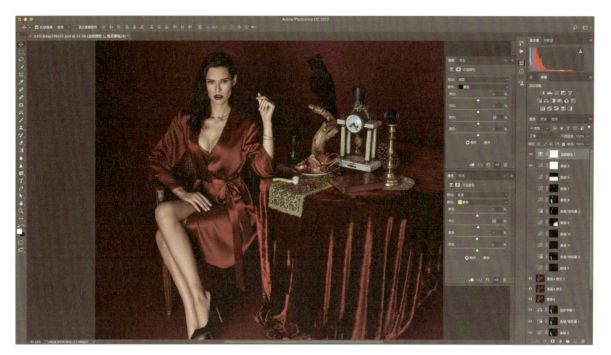

21 利用可选颜色工具,将颜色选择为黑色,将其下面的黄色+1%,以中和阴影区域浮起来的蓝色。

22 利用曲线工具压暗画面的下半部分。在红色通道中压暗中间调,以减少红色,让画面下半部分中的红色更沉下去一点。

23 利用快速选择工具选中模特举起的手,并适当羽化,利用曲线工具进行压暗,并将蓝色通道中的白点垂直下拉至3,以消除原本手部高光中的泛蓝。

24 选择皮肤区域并适当羽化,利用曲线工具,在蓝色通道中,将中间调减蓝加黄。高光区域依旧保留冷白的感觉,中间调则是偏橙黄色。

25 选中肤色区域并适当羽化，利用色相/饱和度工具选择红色，将色相+2，饱和度-5，使得肤色进一步偏黄。

26 选中画面右下角的红色桌布并适当羽化，利用曲线工具将白点垂直下拉，并压暗红色通道的中间调，使得桌布的颜色沉下去一点，不过分抢眼。

27 利用曲线工具进行提亮,以修饰模特两膝附近的光影关系。

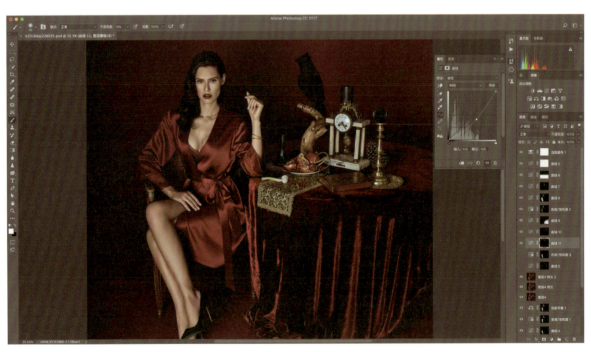

28 利用曲线工具进行压暗,以修饰两膝附近的光影关系以及椅子腿上的高光。

29 利用色相/饱和度工具选中双腿并适当羽化，将红色色相+5，使其偏橙黄色一点。

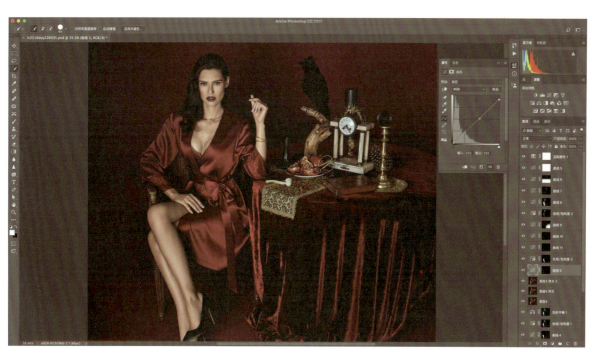

30 利用曲线工具压暗椅子腿和扶手上的高光，使其不过分突出，让整体画面更加干净。

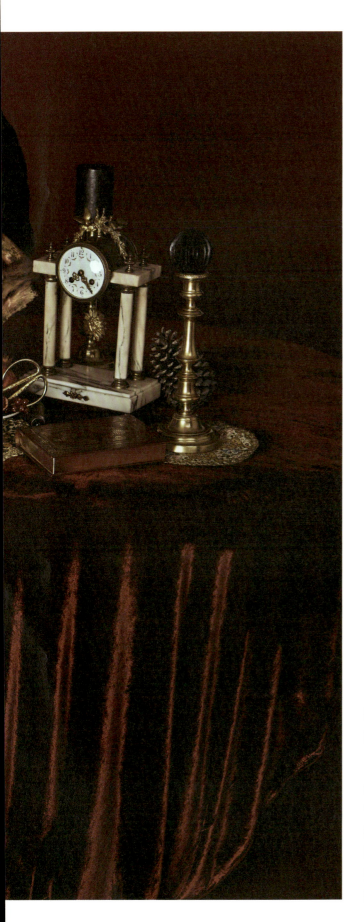

最终效果：调整后的画面更加干净、透亮，人物更加突出，服装更富质感，画面更具格调

需要注意的是，作为商业广告照片，除了对画面整体效果的把握之外，还要更加注意细节，比如模特的左右胸大小要谐调，服装上的褶皱要适当减少并且要处理得自然，产品的质感要突出，道具的摆放要端正，不必要的高光要修掉。总的来讲，就是要让整体画面更加干净、统一，以突出主体。

8.3 室外高山湖泊环境男装广告案例

这是一张在室外拍摄的商业男装广告照片,背景为高山和湖泊。由于是在阴天环境下拍摄的,所以画面的色彩较灰、较黯淡。摄影师打了一个侧光,因此模特脸上的光比较大。这些都是需要我们在后期处理中进行完善的。

原片 摄影/刘俊

1 首先,在Capture One中将画面的整体曝光-0.3,让模特脸部的曝光更加准确。

2 将画面的对比度+5。由于摄影师拍摄时打了光,画面的光比已经比较大了,所以这里我们调整的数值较小。

3 利用高动态范围工具将高光+69,这里主要恢复的是模特脸部和手部的高光层次。

4 利用高动态范围工具将阴影+45，增加暗部的细节，以平衡画面的黑白灰影调关系。

5 为画面增加清晰度，选择"经典"方法，清晰度数值为11。

6 适当增加锐化的数量和半径，锐化的数量由140增加至160，半径由0.8增加至1。胶片增益类型选择"柔和噪点"，影响+5，为画面增加一层小的颗粒，以增加质感。

7 默认的白平衡色温为5923，将色温增加至6198，可以让画面更暖一点。

8 在色彩编辑器的高级模式下,利用吸管工具选取肤色,并适当增大选区。将肤色的亮度+5,可以让肤色更亮一些。

9 在色彩编辑器的皮肤色调模式下,利用吸管工具选取肤色,将平滑度增加至25,可以让肤色更加统一谐调。将肤色的色调数量+2,可以让原本发红的肤色往橙黄的方向偏一些。

10 利用色彩平衡工具在高光中加一点冷色，色彩选择青色，让画面中的高光从原本的暖色调中分离出来，让皮肤的高光变成橙黄色。

11 在阴影中加少量偏青的蓝色，可以把画面暗部的暖色调压下去，使其变冷。

12 对比效果：调整之后的画面，人物的光比缩小了，层次和细节更加丰富了。画面中色彩的冷暖初步分离，变得更加丰富。

13 导图完成，进入Photoshop。

14 修去皮肤上的脏点、痘痘，修饰服装、包和箱子，修掉画面左下角的轮胎、远处山上的电线杆等。

15 添加一个曲线提亮图层，用画笔涂画，提亮模特皮肤上脏且过暗的区域。

16 添加一个曲线压暗图层，用画笔涂画，压暗模特皮肤上脏且过亮的地方。

17 新建一个空白图层，图层模式选择为"柔光模式"，利用白色、黑色画笔涂画，以提亮和压暗皮肤，塑造皮肤的明暗光影关系。

18 盖印图层，修掉模特胸前衣服上的高光，并进行液化。主要是将模特的肩膀提起来一点，将胳膊上的褶皱液化，让整体的形状更顺畅一些，将大腿修瘦一些，将小腿处裤子的线条液化得均匀、流畅一些。

19 添加颜色查找图层，进行调色，3DLUT文件选择为M31-LOG.cube，将图层的不透明度降至27%。这时候，画面中的暖色会变得更暖，画面中的冷色也会变得更加浓郁。

20 添加一个曲线调整图层，压暗阴影部分，让中间调偏阴影的地方沉下来一点，将高光提亮一点，以增加画面的对比度。

21 利用色相/饱和度工具将红色的色相+3，让肤色偏向橙黄的方向；饱和度-30，让肤色的饱和度更加自然。将青色的色相+5，往青蓝色的方向偏一点。

22 利用色彩平衡工具，将高光中的红色+2、蓝色-5，中间调的红色+3、绿色-2、蓝色-5。在高光和中间调中适当加一些暖色，可以平衡一下原本整体偏冷的画面。将阴影的红色-1，蓝色+1，继续为画面加一点冷色。

23 利用快速选择工具选出水面的选区，适当羽化，调节湖面的颜色。

1. 选择红色通道，将阴影加深，使水面变青，但是整体水面全部偏青又会太闷，没有层次，没有了波纹的受光面和背光面的颜色反差，画面会很不真实。
2. 将红色通道中的白点水平向左拉，让画面的高光减青、变暖，这样就分离出了高光。
3. 选择绿色通道，压暗中间调，加少量洋红。湖水的青色加洋红之后，就会变得偏蓝一些。

24 选中模特脚下的木栈道,将饱和度-90,明度-15,最后将图层的不透明度降至75%,让木栈道的色彩沉下去一点,以免过分饱和,显得突兀。

25 利用曲线工具复制上一个图层的选区,继续压暗木栈道,使其更具厚重感。

26 利用快速选择工具选中背景处的远山，利用曲线工具调色，使其整体颜色偏青，调出隐隐青山的感觉。

27 选出天空的选区并进行适当羽化。因为是在阴天拍摄的，画面比较灰蒙，所以利用曲线工具将红色通道的中间调下压，加青色，白点左移，让天空的最亮处透出来一点暖色，增加天空的冷暖层次，以增加画面的真实感。

28 选中模特坐的箱子并进行适当羽化，将其饱和度-40，让箱子不过分饱和，以避免显得突兀。

29 此时，位于画面右侧的模特腿的色彩饱和度过高，选中并羽化，将饱和度-25，适当降低其饱和度。

30 利用曲线工具进行提亮，反相蒙版，利用白色画笔局部涂画模特胸前曝光不足的区域，以增加该区域的细节。

31 利用自然饱和度工具，将整体画面的自然饱和度-8，让画面的色彩更加自然。

最终效果：经过调整，画面的背景干净了许多，山、水和天的色彩变得更加丰富，画面更加简洁，冷暖对比更加明显，色调更加浓郁，整体画面的风格更加突出。

8.4 室外海边男装杂志内页照片案例

案例1

这组照片拍摄于冰岛,是在阴天、自然光的环境下拍摄的。画面中除人物以外,还有天空、大海、礁石,环境很梦幻、很唯美。但是由于逆光拍摄,导致背景过亮,人物过暗,画面的反差过大,层次和细节不够,需要我们在后期处理中进行完善。

原片 摄影/杨毅

1 在Camera Raw中将对比度+53,以增加画面的对比度。

2 利用高光工具恢复高光的层次。由于画面的背景比较亮,我们将高光-100后,背景依然很亮。

3 结合白色工具,将白色-100,以恢复亮调的层次。

4 利用阴影工具，将阴影+60，以增加阴影的层次。

5 增加画面的清晰度，将清晰度+39。由于是逆光拍摄，导致吃光严重，所以调整的数值较大。

6 将画面的色温由原来的9400降低至8800，让画面更蓝、更冷一点。

7 色调-10，加绿色，绿色与蓝色结合，白平衡整体偏青，加强了画面寒冷的感觉。

8 锐化数量+39。因为原片的噪点比较大,所以锐化的数量较小。

9 打开HSL菜单栏,橙色+5,以提亮肤色,让肤色更透亮;蓝色-50,以压暗天空和海水的蓝色。

10 将蓝色的饱和度+15，以增加画面中蓝色的饱和度，让蓝色更浓郁。

11 因为天气寒冷，模特的皮肤被冻得过红，所以选择红色色相+3，使其往橙色的方向去一些。

12 启用镜头校正,消除部分镜头畸变。

13 利用曲线进行调色。首选蓝色通道,将黑点由0垂直上提至13,此时整体画面都会变蓝,所以选择中间调,新增一个调节点,下压,使其变黄。蓝色通道的作用就是让亮调和中间调偏暖黄,阴影偏蓝色。

14 选择绿色通道,将黑点上提至0.3,阴影加绿色。结合蓝色通道中阴影加的蓝色,阴影变成了青色。

15 选择"调整画笔"工具,选中合适的画笔,结合"自动蒙版"选项,选中模特的脸部和脖子。

16 隐藏蒙版。原片中肤色发乌，饱和度较低，所以将对比度+20，清晰度+20，色温+15，色调+13，让脸部和脖子更暖、更红润，肤色更好看。

17 此时，画面的右上角比较亮。选中渐变滤镜工具，从右上角往左下拉一个渐变。

18 隐藏蒙版选区，将曝光-0.8，高光-100，以恢复高光层次。将阴影+60，以避免云的颜色太深，跟周围不谐调。将色温-29，让天空更蓝。

19 为径向渐变叠加一个蓝色，让天空中云的颜色跟画面左侧云的颜色一致。

20 选择径向渐变工具,在曝光过度的天空区域拉一个椭圆形的渐变。

21 隐藏蒙版,选择渐变内部,曝光-1,高光-25,色温-5,继续恢复过曝区域的层次。

22 为径向渐变叠加一个蓝色。

23 恢复到初始状态。

24 对比效果：经过调整，整体画面的层次更加舒服，细节更加丰富，画面更干净、更透亮，色彩更加浓郁。

25 打开图像，进入Photoshop。

26 修掉模特脸上的痘痘和画面中一些杂乱的脏点。

27 新建一个空白图层，将图层的混合模式选择为"叠加模式"，选择画笔工具，低透明度，硬度为0。通过在皮肤上画黑白，修饰模特皮肤的光影关系。

28 新建一个颜色查找图层，3DLUT文件选择为KDX-Rec.709.cube，将图层的不透明度降至50%。调整之后，画面的高光偏暖黄，阴影偏青蓝，色彩变得更浓郁。

29 添加一个可选颜色图层。白色：黄色+12%，让高光更暖；黑色：青色+2%；中性色：青色+2%，洋红+2%，黄色+1%，使中性色变蓝一点。

334

30 选中海水区域,适当羽化,添加一个曲线调整图层,压暗中间调。红、绿、蓝三个通道混合得出青色,可以让海水的颜色更重,色彩更加饱和。

31 选中模特背后的山,压暗中间调,并垂直下拉白点,让山的颜色沉下来。

32 天空中有一朵云的饱和度过高,我们将其选出并羽化,利用色相/饱和度工具,降低青色和蓝色的饱和度,使其与周围云朵的色彩更和谐、统一。

33 模特背后的石头很亮,饱和度过高,显得很突兀。先利用曲线工具强制压暗其亮度,再结合红色通道减红色,使其变成青色,与周围的色彩更加谐调。

34 选中模特风衣尾部下面饱和度过高的石头，新建色相/饱和度图层，降低红色和黄色的饱和度，让石头不那么突兀，并利用白色画笔，在蒙版上涂画模特脸部边缘饱和度过高的地方，让模特的肤色更加谐调统一。

35 选中模特的面部区域，利用曲线工具适当增加对比度，结合蓝色通道暗调加黄色，绿色通道加洋红，让肤色更自然。

36 模特的双手过亮且色调偏冷,选中双手,利用曲线工具适当压暗,并在蓝色通道中间调中加黄色,以修正双手的肤色。

最终效果:调整之后的画面,层次更加丰富,影调更加厚重,局部色彩更加统一和谐,整体色调更加浓郁,氛围感更强。

案例2

这张照片与前一个案例是同一组照片,同样是在室外拍摄的男装照片。拍摄景别为近景,画面中主要的色彩为蓝色、红色、橙色和绿色,但画面的色温明显偏冷。

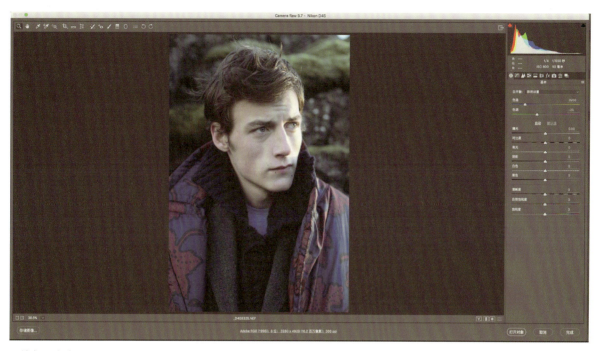

原片 摄影/杨毅

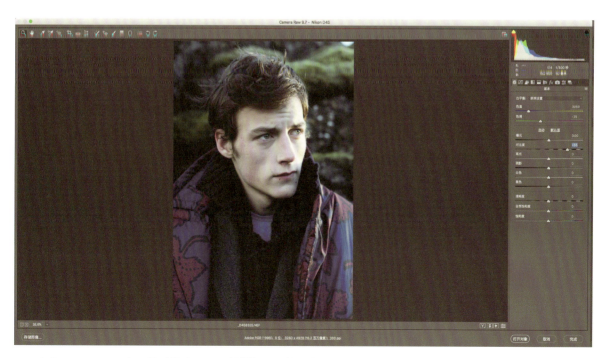

1 在Camera Raw中,将对比度+55,以增加画面的对比度。

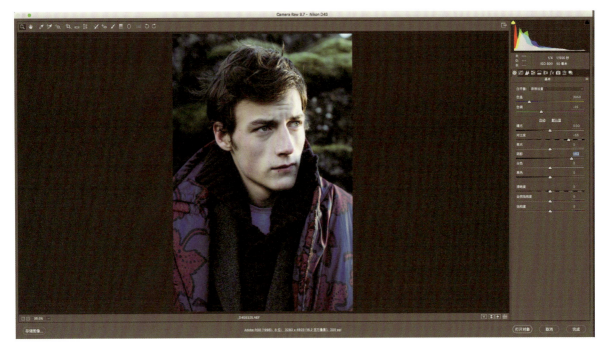

2 阴影+63，以提亮阴影的亮度，增加阴影的层次。

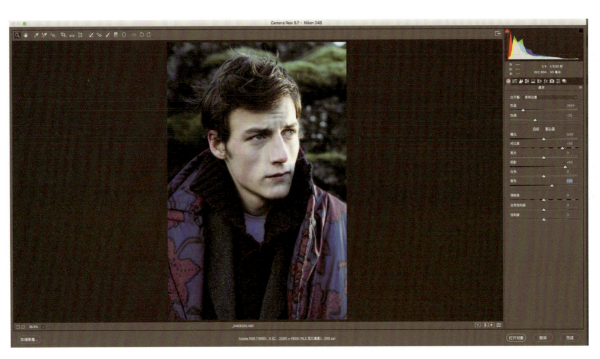

3 黑色+26，增加暗调的层次。

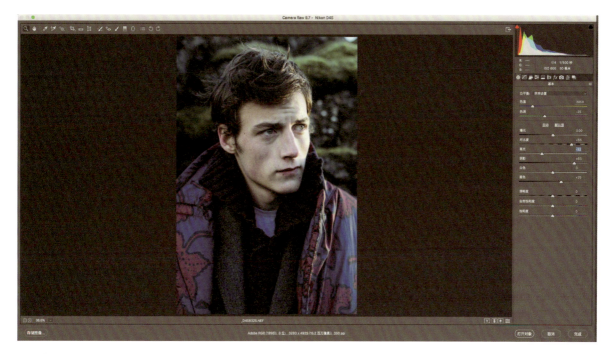

4 高光-32，以恢复脸部受光面的层次。

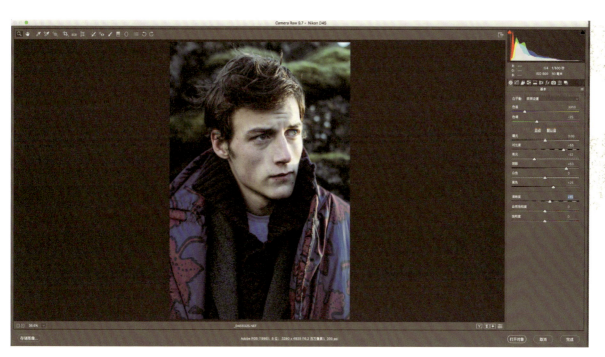

5 清晰度+15，可以让画面更加清晰，凸显男人五官的硬朗和质感。

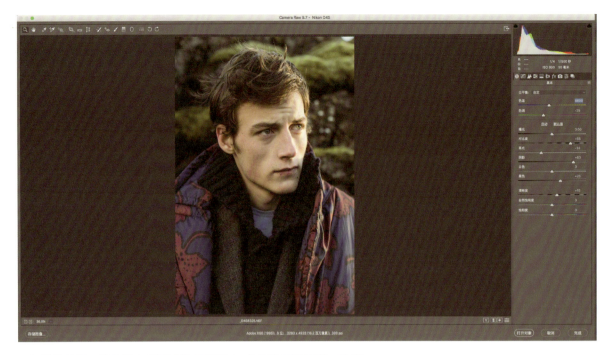

6 校准色温，将色温由3950增加至6600，让整体画面变黄、变暖。

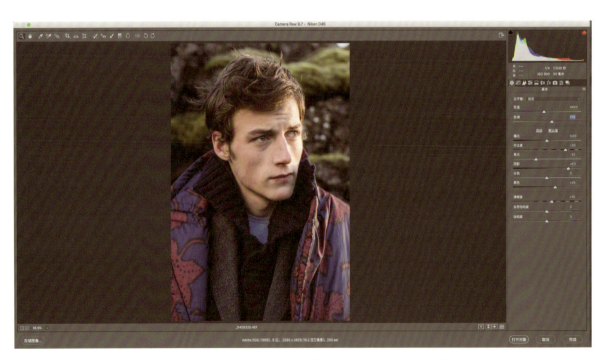

7 将色调由-25增加至15，给画面加洋红，肤色也会随之变红润，色彩还原也会更准确。

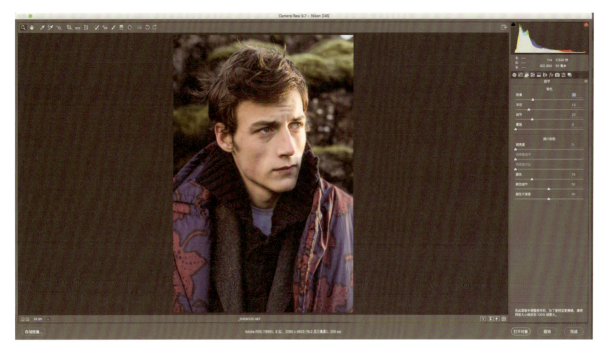

8 锐化+39，以增加细节的清晰度。

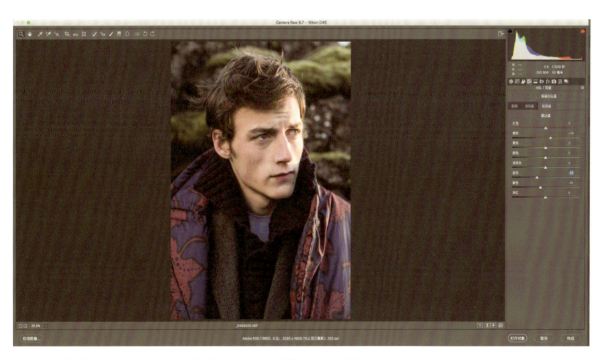

9 适当提亮肤色，将橙色+15。压暗蓝色的衣服，将蓝色-25，紫色-15。

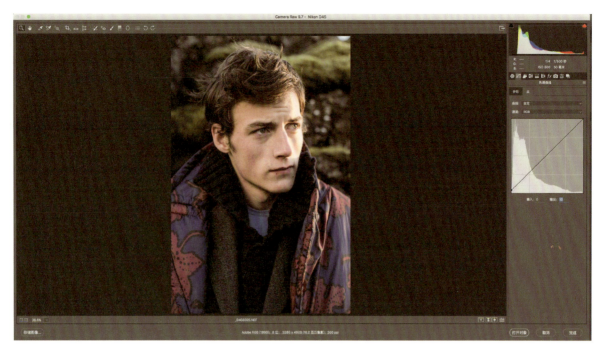

10 利用曲线工具将黑点垂直上提至10，以增加暗调的亮度，同时让画面中不再有死黑的暗部区域。

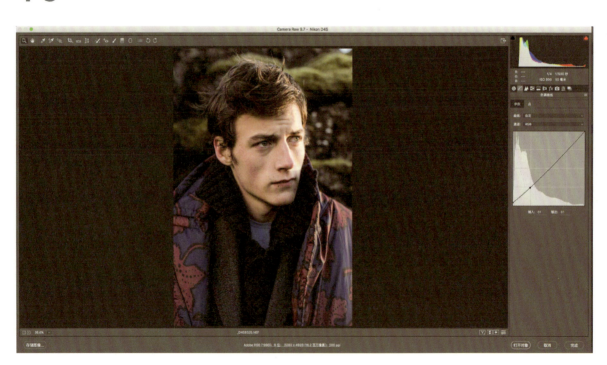

11 添加一个暗调的调节点并垂直下压，让画面的阴影更加厚重。

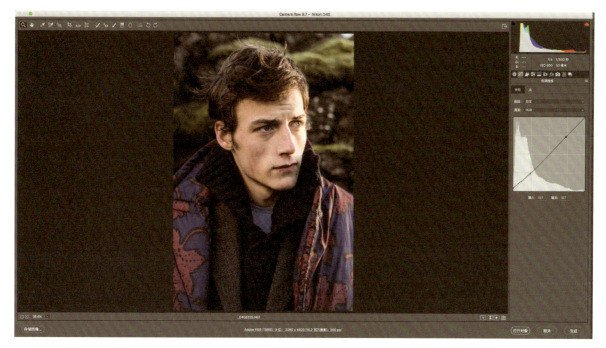

12 添加一个亮调的调节点并垂直上提,恢复到亮调原本的亮度。

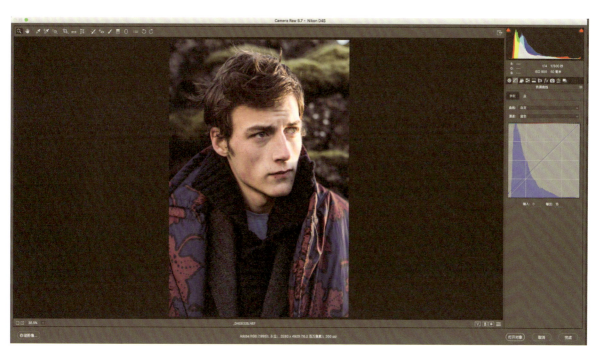

13 选择蓝色通道,将黑点垂直上提至15,给阴影加点蓝色。

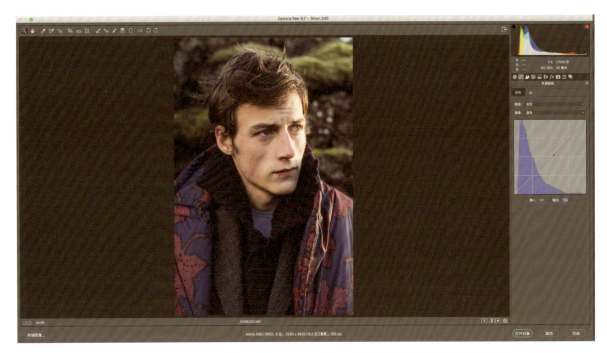

14 在蓝色通道的中间调中选择一个新的调节点,将曲线下压,加黄色。蓝色通道的作用就是在画面的中间调和高光中加暖色,在阴影中加冷色。

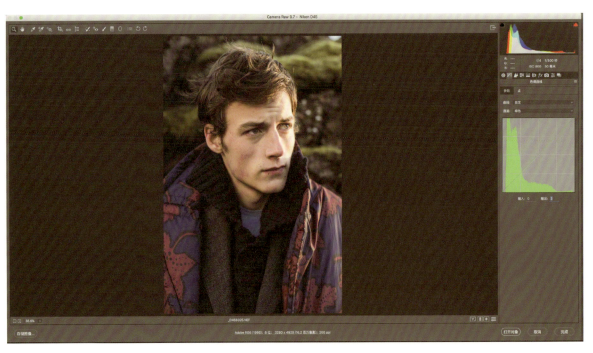

15 在绿色通道中,将黑点垂直上拉至3,使原本发蓝的阴影变成青色。

16 对比效果：经过调整，画面的色彩还原更加准确，层次更加丰富，色调更加浓郁。

17 打开图像，进入Photoshop。

18 修去模特脸部的痘痘，修去画面中的脏点，对模特的皮肤进行修饰，让光影过渡更自然，并液化发型。

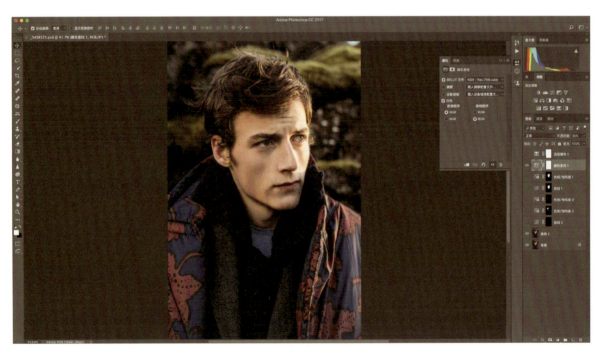

19 添加一个颜色查找图层，将3DLUT文件选择为KDX- Rec.709.cube，并将图层的不透明度降至30%。调整之后，画面的高光偏黄，呈暖色调；阴影偏青蓝，呈冷色调。冷暖色调更分离，色彩更沉、更浓郁。

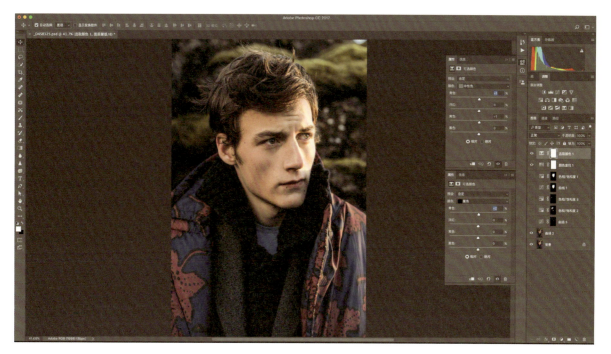

20 添加一个可选颜色图层，将中性色下的青色+1%，黄色+1%，相当于减洋红，让肤色更黄一点。黑色下的青色+2%，可以让暗部的青色更加浓郁。

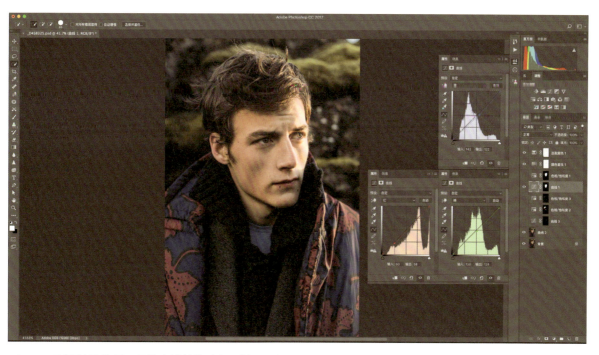

21 利用快速选择工具选中模特的脸部区域，添加一个曲线图层。在蓝色通道的中间调中加黄色，绿色通道中少量加洋红，红色通道的暗调中少量加青色，让模特脸部的肤色更沉，整体色调更暖。

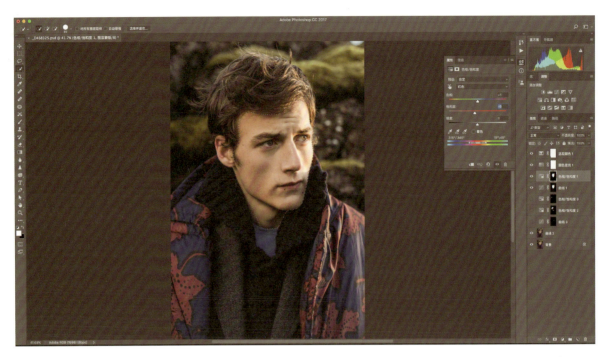

22 添加一个色相/饱和度图层,复制脸部选区,将红色的饱和度-9,色相+1,继续减脸部肤色中的红色。

23 选中模特耳朵过红的区域,利用色相/饱和度工具,将红色的色相+7,饱和度-11,让耳朵的颜色更加统一。

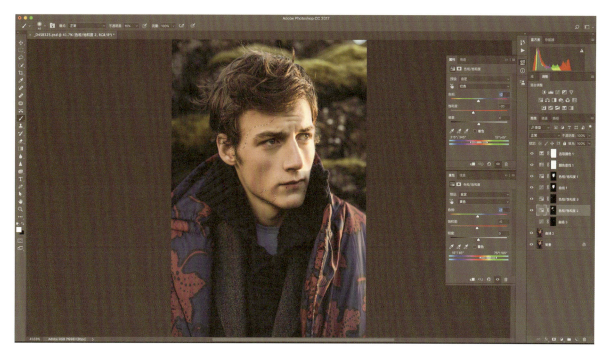

24 选中模特额头发际线处饱和度过高的区域,并适当羽化。利用色相/饱和度工具将红色的色相-2,让模特的肤色更加统一;饱和度-20,让饱和度更加自然。黄色的色相-3,使其变红;饱和度-5,让肤色更统一、和谐。

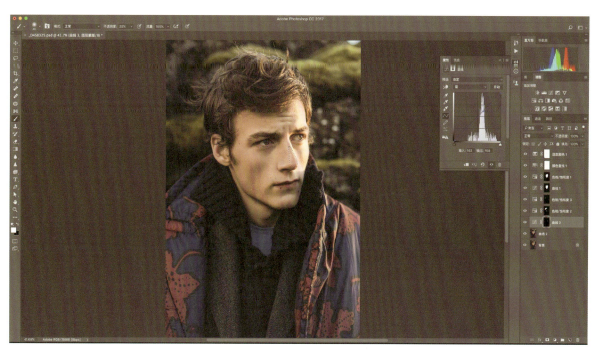

25 选中模特鼻子上发红的区域,并适当羽化。利用曲线工具,将蓝色通道的中间调下压,使其变黄,使得模特的鼻头不再那么红。但我还是适当保留了一点模特因为冷而变成"红鼻头"的氛围。

最终效果：经过处理的画面，整体影调更加舒服，画面更加厚重，色温还原更准确。画面中有了冷暖对比，色调更浓郁，氛围感也更强了。

8.5 "老人与海"男装杂志内页照片案例

案例1

这是一张在海边自然光下拍摄的男装杂志内页照片。阴天傍晚时分，天光已经渐渐微弱，模特的曝光不足，但背景的层次很好，天空中有大片阴沉的云朵，海平面上有星星点点的城市灯光，海面上有汹涌的潮水，营造了一个丰富的画面氛围。

原片 模特/Aiden Shaw 摄影/杨毅

1 画面的暗部细节不足。在Camera Raw中，首先增加阴影的细节，此处我用的工具是Camera Raw旧版本中的填充亮光，相当于新版本中的阴影。

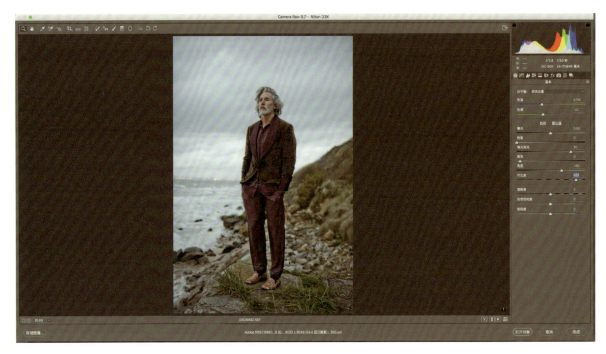

2 对比度+81，增加画面的对比度可以让画面更显透亮。

3 将曝光+0.35，让人物的曝光更加准确，细节更加丰富。

4 将旧版本中的黑色由默认的5增加至8,让画面中的最暗部分继续沉下去。

5 将清晰度+15,可以使画面中的人物更加硬朗,增加男人的质感。

6 校准白平衡，将色温由5750增加至7500，使画面整体变暖。

7 将色调由默认值-22增加至-15，使色彩的还原更加准确。

8 锐化数量+50，以增加细节质感。

9 选择HSL菜单栏，利用目标调整工具提亮肤色，橙色+20，红色+11，使肤色更加透亮。

10 选中天空,将蓝色-63,让天空的颜色沉下来一点。

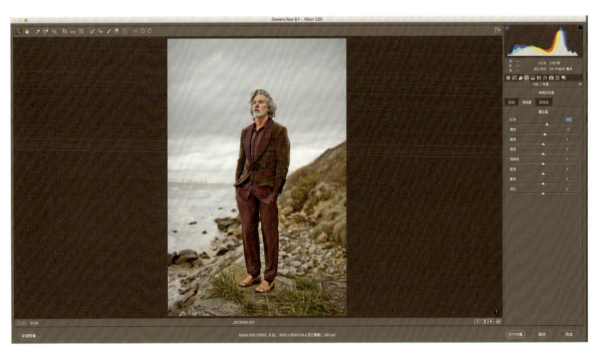

11 选中模特的衣服,将红色的饱和度+12,橙色的饱和度+5,让服装的颜色更加饱和。

12 增加蓝色和浅绿色的饱和度，蓝色+20，浅绿色+7，让天空更蓝。

13 分离色调，高光：色相182（青色），饱和度+5，让画面中的天空和海水变得更蓝、更冷。模特脸部的高光变冷之后，与其他区域的肤色产生冷暖分离。

14 镜头校正。为画面增加一个暗的晕影，数量-27，中点 31。

15 对比效果：经过调整，画面的曝光更加准确，服装的细节层次更加丰富，整体画面变得透亮，色彩更加浓郁。

16 打开图像,进入Photoshop。

17

1 选中模特脖子的区域,适当降低脖子的饱和度,让肤色更加统一。单独选中并调整鼻头区域,让鼻头的颜色与整体肤色更加谐调。

2 新建一个空白图层,将混合模式选择为"柔光模式"。在远处海平面的灯光上画橙色,让灯光的颜色更加饱和、更加明显,以加强氛围。

3 修复天空与山坡衔接处的蓝色断层。导图期间降低蓝色的亮度,会导致与蓝色色块衔接处出现亮度差,过渡不够自然,形成断层,需要进行修复。

18 进行液化，让模特的肩膀更挺一些，上衣和裤子的外轮廓更流畅一些，发型的造型感更强一些。

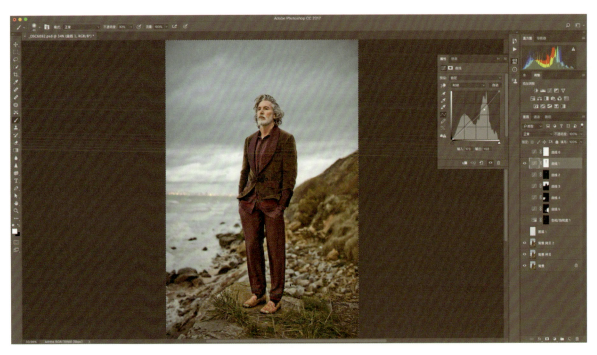

19 添加一个曲线图层，压暗中间调，让画面整体更沉、更厚重。然后用黑色画笔在曲线蒙版上擦出人脸，让脸部依然保持原本的亮度，相对背景而言显得更亮，达到突出脸部的目的。

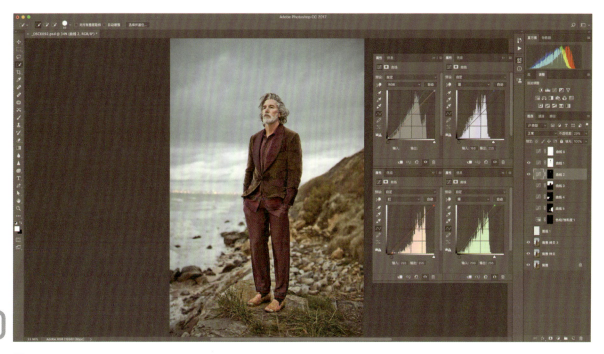

1 利用快速选择工具选出脸部区域，适当羽化，并添加曲线图层。
2 打开曲线工具，找到右上角的隐藏菜单，点击自动选项，算法选择"增强每通道的对比度"。
3 回到曲线调整面板，点击自动按钮。此时，软件会自动计算，得出脸部选区的最黑和最白。但这只是一个参考，肤色是偏色的，我们要对每个通道再进行微调。
4 将蓝色通道中的白点水平向右移，减蓝色，恢复黄色；将绿色通道中的白点水平向右移，恢复洋红。通过加黄色和洋红，肤色会变得更加自然、正常。
5 由于脸部的对比度过大，最后应将自动曲线图层的不透明度降至20%。

21 选中天空区域，利用曲线工具压暗中间调，让天空的层次更加厚重。

22 选中海水区域,利用曲线工具将其压暗,并在红色通道里的阴影部分加青色,让海水的色彩更加浓郁。

23 选中模特身后的山坡区域,添加一个曲线图层。在RGB通道中将黑点上提至20,压暗中间调,让这一区域不再有死黑,让草的层次更灰、更沉,变得不那么突出,以达到突出人物的目的。

24 利用快速选择工具选中模特的脖子，羽化。添加一个色相/饱和度图层，将红色的饱和度-20，让脖子与周围的肤色更接近、统一。

25 新建一个空白图层，图层混合模式选择为"叠加模式"。利用白色画笔在天空的浅色区域画白色，让天空的白色更白，整体画面中的黑白灰层次更加丰富。

26 添加一个曲线图层，在蓝色通道的亮部加微量蓝色，将绿色通道的黑点右移至4，在阴影中加洋红，中间调增加少量洋红，在红色通道的中间调中加青色。最终的结果是让画面变得更蓝、更冷，更有阴天海边傍晚的气氛。

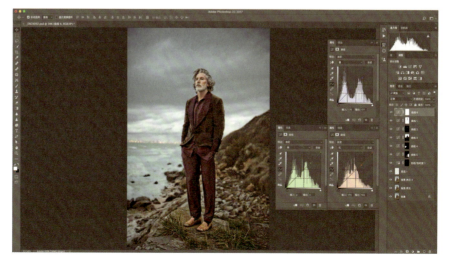

最终效果：调整之后，人物更加突出，画面的细节更加丰富，色彩更加浓郁，氛围感更足。服装和人物的质感更好，整体画面的人物状态、服装、背景、色彩氛围更加统一。

案例2

与前面的案例一样,这张也是在阴天多云的天气下,在傍晚的海边拍摄的照片。夕阳落在地平线上。模特处于逆光之中,斜靠在礁石上。曝光略显不足。背后是汹涌的海浪。夕阳西下是光线最美的时间段,被称为"魔幻时刻",所以我们可以试着通过后期的手段,增强画面的氛围感,让画面更美。

原片 摄影/杨毅

1 利用Camera Raw中的填充亮光工具,将填充亮光+55,以增加画面阴影的细节。这里主要改善的是人物的暗部。

2 将画面的对比度增加至81,让画面更显透亮。

3 利用恢复工具恢复高光的层次,这里主要改善的是背景处天空。

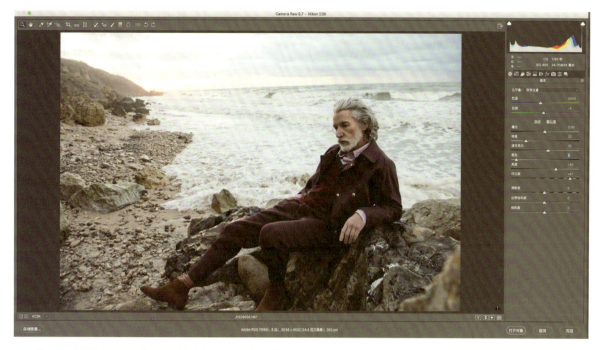

4 将黑色从5增加至8,把画面的暗部再压下去一点。

5 将清晰度+15。

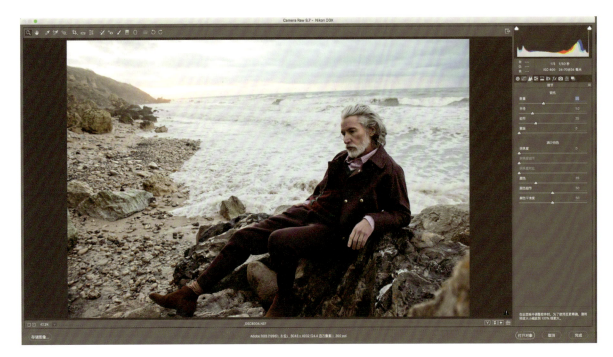

6 将锐化数量+55。

7 利用目标调整工具提亮肤色,将橙色+15。

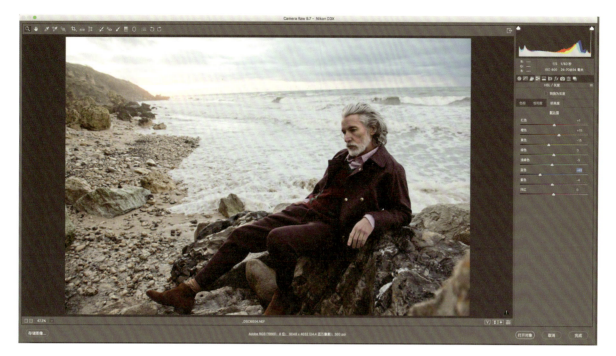

8 蓝色-40，浅绿色-5，以压暗天空的颜色。

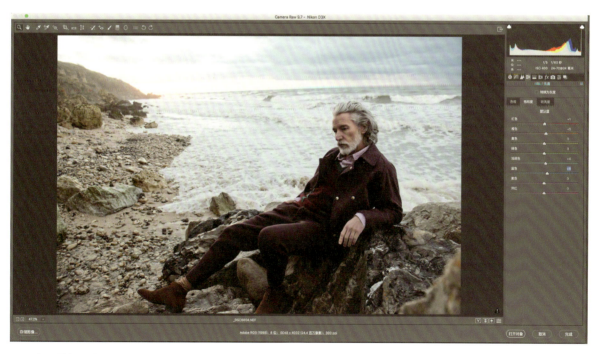

9 少量增加肤色的饱和度，橙色的饱和度+5。增加天空的饱和度，蓝色的饱和度+9，浅绿色的饱和度+4。

10 分离色调工具中的高光，色相60，是一个黄色的色相值；饱和度+5，可以让画面的高光区域更暖，增加夕阳的氛围。

11 以整体环境的曝光作为参考导入第一张，进入Photoshop。

12 夕阳周围的区域依然过亮，损失了很多层次。利用Camera Raw插件，以夕阳的层次为参考，重新导入一张，添加蒙版，拉一个渐变，只保留画面左上角的区域，并结合画笔工具微调选区。

13 为夕阳图层新建一个专属曲线，利用曲线工具进行调色，渲染夕阳和晚霞的氛围。将红色通道的中间调上提，加红色，绿色通道的中间调下压，加洋红，蓝色通道的中间调下压，加黄色。整个天空的色彩变得更饱和、更丰富。最后利用画笔工具，微调选区。

14 此时的画面暗部细节不足。再次利用Camera Raw插件,以模特的曝光为参考,导入一张。添加蒙版,擦掉周围过亮的区域,保留模特及其身下较暗的礁石区域。注意选区之间的亮暗过渡要衔接自然。

15 因为是时装片,所以服装的细节呈现很重要。以服装暗部的曝光为参考,重新导入一张。添加蒙版,反相蒙版成黑色,用硬度为0的白色画笔涂画服装的暗部,提亮暗部细节。注意衔接要自然。到目前为止,我一共导入了4张不同曝光的照片。为了让画面的细节更加丰富,我将这4张照片组合了起来。

16 利用曲线工具单独调整人物图层，将蓝色通道的高光区域下压，使人物变暖。

17 盖印图层，并把画面左上角礁石上过红的颜色结合下面的图层擦回来。

18 修掉挡在模特眼前的一缕乱发。

19

1 建立一个曲线图层，对整体画面进行调色。

2 将整体曝光下压，使画面沉下去。

3 在红色通道的中间调中加红色。

4 绿色通道的高光保持不变，阴影减绿、加洋红。

5 在蓝色通道的中间调中加少量蓝色。

6 通过三个通道的色彩组合，整体画面偏向洋红，略带点紫色。

7 模特受调色的影响太大，变得过红，所以我们要单独选出模特的整体轮廓，选中曲线3的蒙版，利用曲线工具，快捷键为command + M，将白点垂直下拉。

8 人物区域蒙版变深，减弱了调色层对人物的影响。观察效果，调整至合适即可。

1 开始进行局部渲染。新建一个空白图层，将图层混合模式改为"正片叠底"。

2 选择一个明度较高的橙色，用画笔画出夕阳透过云层的区域，让夕阳周围很亮的区域附着上一层橙色。

3 添加蒙版，用径向渐变工具，从夕阳的中心往外拉一个小的渐变，恢复夕阳本身应该最亮的感觉。

21 新建一个空白图层，选择一个明度较高的橙色，用硬度为0、不透明度为10%左右的画笔工具涂画夕阳四周较亮的区域，让夕阳的暖黄光线照在云朵和天边的海面上。

22

1 新建一个空白图层，将图层的混合模式选择为"柔光模式"。

2 选择渐变工具，径向渐变，渐变编辑器下选择"从前景色到透明的渐变"，不透明度为30%左右。

3 选择一个明度较高的橙黄作为前景色，从夕阳的中心拉一个大的渐变，让阳光洒到模特的周围，包括模特的身上也需要带一点夕阳的余晖。让模特沐浴在夕阳下，与光线环境产生联系。

4 添加蒙版，利用硬度为0、不透明度较低的画笔修饰选区范围，避免局部的饱和度过高。

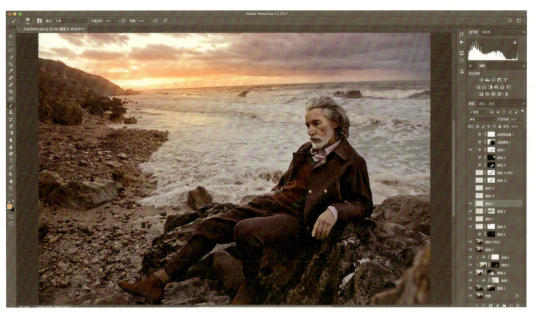

23

通过渲染，阳光变成了橙黄色。海面的反光率较高，所以夕阳一定会倒映在海面上。接下来，我就要为海水的受光面添加夕阳的反光。

1 新建一个空白图层，将混合模式改为"深色"。

2 前景色选择一个明度高的橙黄色，画笔工具的硬度设置为0，不透明度设置在10%左右。

3 涂画海平面受光区域。在"深色"模式下，只有高光才有效果，海水的背光面不受影响。

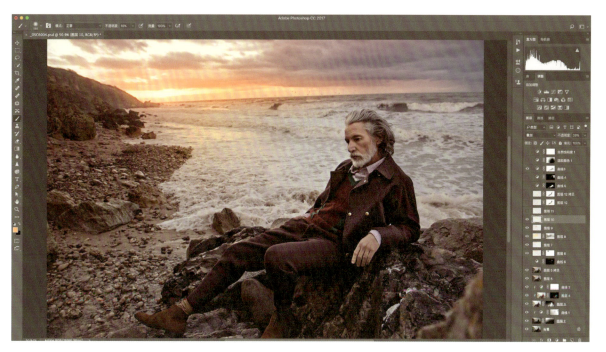

24 新建一个空白图层,图层的混合模式为"叠加"模式,涂画海平面,让海面上都受到阳光挥洒的影响。

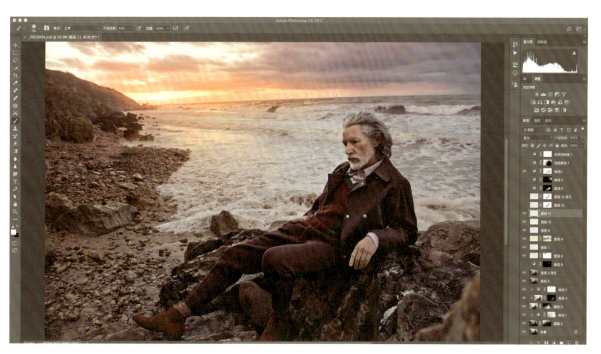

25 在逆光的环境下,夕阳照射到模特的身上,一定会在模特的轮廓上勾出亮边。所以新建一个空白图层,图层的混合模式为"叠加"模式,用白色画笔涂画模特额头边缘和鼻梁上的高光,适当提亮。

26

1 新建一个空白图层,将图层的混合模式改为"叠加"。

2 用橙色画笔,也就是夕阳的颜色,涂画模特左侧轮廓的边缘,勾勒出一个阳光照射的轮廓光,让阳光与人物建立起联系。

3 添加蒙版,擦掉海水和衣服上多余的部分。

27

观察以后发现,轮廓光不够明显。将图层再复制一层,图层的混合模式改为"柔光"模式,不透明度降至50%,以增强效果。

28
1 选出画面右侧阳光没有照射到的海水区域，并进行适当羽化。
2 利用曲线工具加蓝色、绿色和青色，把海水的颜色调为冷色调，给人以海水冰冷的感觉，同时平衡一下整体画面偏暖的色调。

29
因为现在衣服颜色显得又旧又脏，这一步用来调服装颜色。
1 选中人物的整体轮廓，除去脸部区域。
2 添加一个曲线图层，将蓝色通道中的白点垂直下拉，也就是给服装的受光面加黄色。将黑点垂直上提，给阴影加蓝色。
3 将红色通道中的白点和黑点都强制加红，让衣服变得更红。
4 在绿色通道的亮调中加少量绿色，与红色通道中加的红色相结合，高光会整体偏黄。在绿色通道的阴影中加洋红，与蓝色通道中加的蓝色、红色通道中加的红色相结合，相当于给阴影加了洋红。调完之后，服装的饱和度会变高，衣服会显得更干净、更好看。

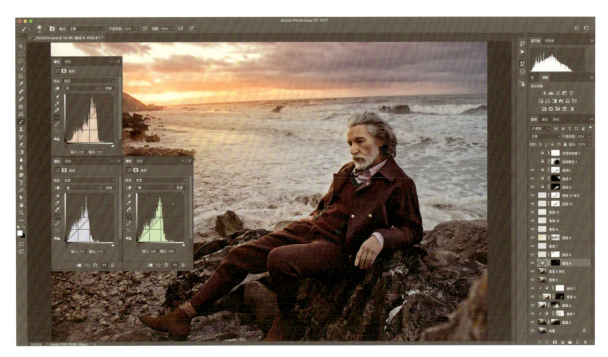

30 选中脸部区域并进行羽化，利用曲线工具加红色、绿色和黄色，将不透明度降至30%，让脸部变得更暖一点。

31 添加一个可选颜色图层。

1 白色：黄色+12%。加一个暖色，主要加在受光面区域。

2 黑色：青色+3%，洋红+2%，蓝色+3%。加一个冷色，主要加在阴影区域。

3 擦出人物四周的选区，让人物的色彩更加自然。

32 添加一个自然饱和度图层，将自然饱和度-5，以避免色彩太过艳丽带来的不自然感。

最终效果：调整完之后，整体画面变得更加透亮，宽容度更高，色彩更加丰富，色调更加浓郁，氛围感也更强。我们通过将4张不同曝光的照片组合，构建了一个曝光和细节更加丰富的影调关系。在现有条件基础上，通过适当增加自然光线和反光的方法，增强了画面的氛围感。另外，需要注意的是新增光线和人物之间的联系，要做到自然、真实。

8.6 电影叙事风格的杂志内页照片案例

　　这是一张在室内拍摄的暗调照片，光影结构非常丰富，带有叙事情节，极具故事性，就像电影画面一样。但是因为调子比较暗，画面的细节不够清晰，色彩也比较黯淡，氛围感不够，需要我们在后期处理中进一步完善。

原片 摄影/刘俊

1 利用Capture One进行导图。画面整体曝光不足，将曝光+0.8，以增加画面的曝光，调出更多细节。

384

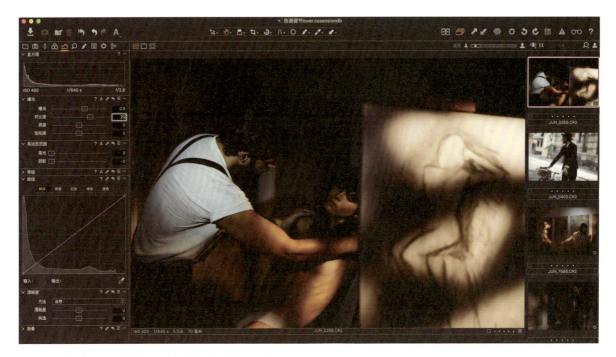

2 将对比度+20，增加画面的对比度，拉开层次。

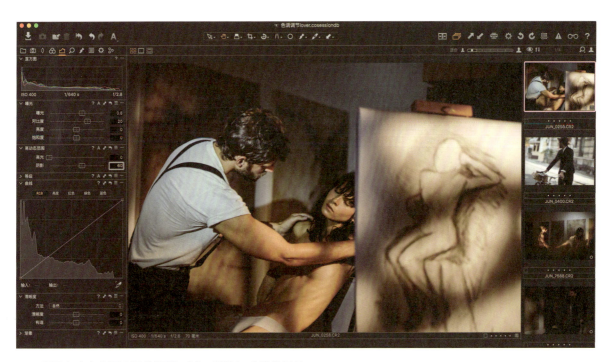

3 利用高动态范围工具将阴影+60，以增加暗部的细节。

4 在"经典"方法下,将清晰度+50,让画面更通透、更清晰、更显硬朗。

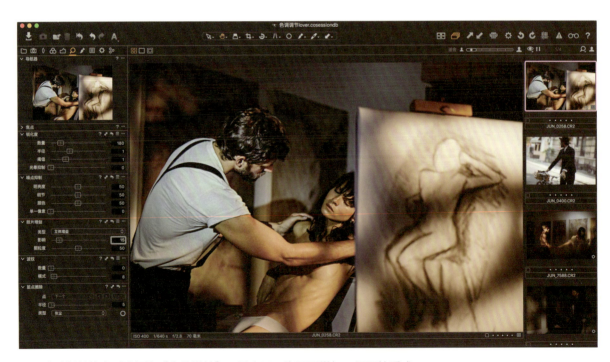

5 胶片增益的类型选择为"立体增益",影响15,为画面增加一层颗粒质感。

6 原始的白平衡色温为3971，通过校准白平衡，将色温降至3307，让画面变蓝、变冷，这样画面就不再是单一的暖色系了。

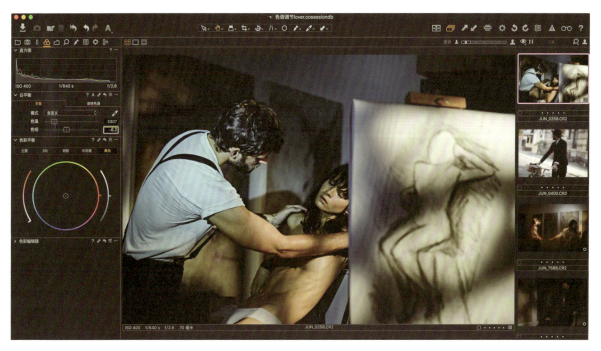

7 将色相由原始的-2.2降至-8.2，让色调变绿，结合色温变蓝，白平衡整体变为青色。此时，画面中会出现冷的青色块，如模特身着的白色T恤和背景处的白墙。

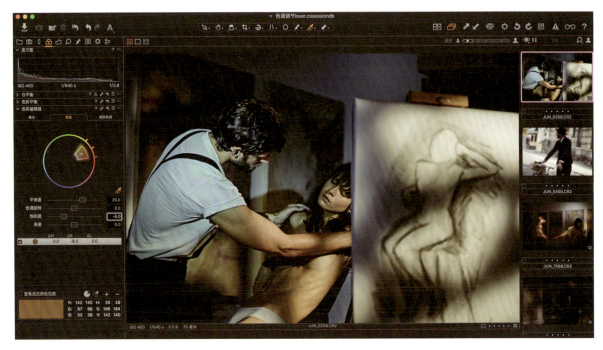

8 利用色彩编辑器，在高级模式下，通过吸管工具吸取肤色，将饱和度-6，适当降低肤色的饱和度。

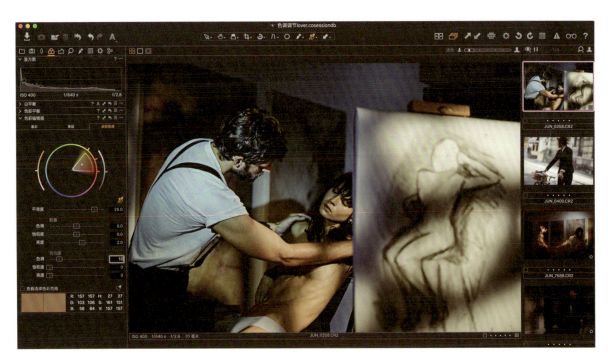

9 利用色彩编辑器，在皮肤色调模式下，将色调的均匀度+18，让肤色更统一。

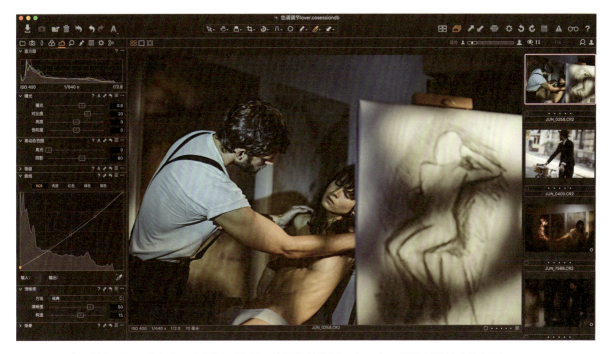

10 利用曲线工具压暗高光、中间调、阴影,让画面整体沉下来一点,保留原片较暗的氛围。

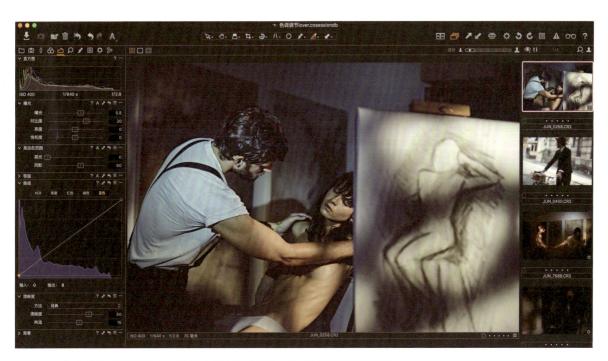

11 在曲线的蓝色通道中,将黑点垂直上提至8,让画面的暗调偏蓝色。

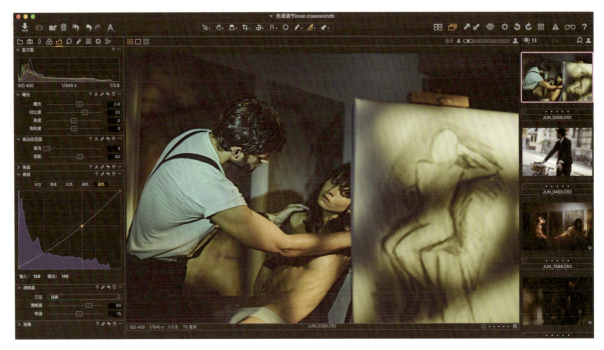

12 在蓝色通道曲线的中间调中新增一个调节点，下拉，加黄色，肤色变成了橙黄色，白色T恤和背景白墙也变成了更干净的青色。这一步对整体画面的色调影响巨大。

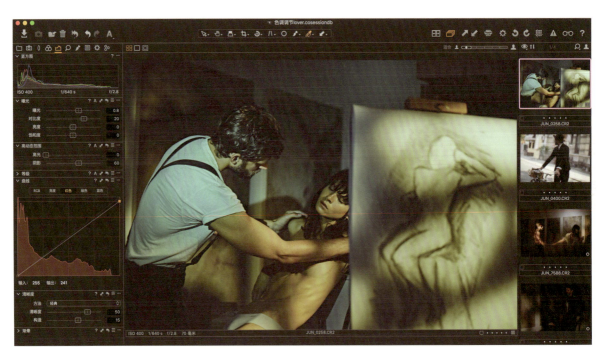

13 在曲线的红色通道中，将白点垂直下拉至241，画面中的高光全部变成了青色。注意观察T恤和画板的颜色变化。

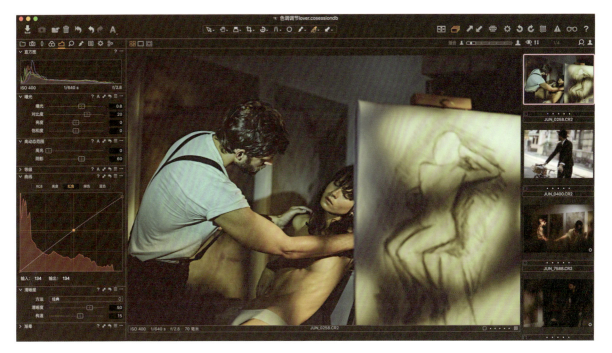

14 将红色通道曲线中的中间调上提,加红色,让画面的中间调更暖、更突出。

15 将绿色通道曲线中的黑点垂直上提至3,给阴影加绿色,原本蓝色的阴影就变成了青色。

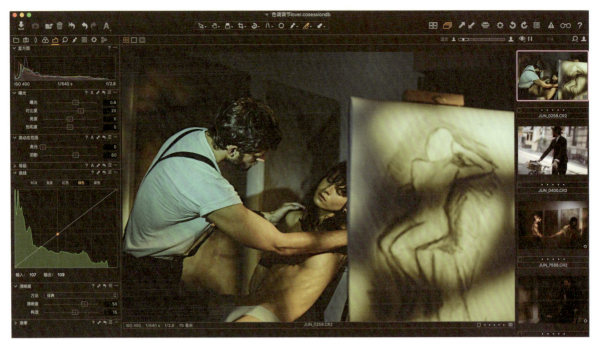

16 将绿色通道曲线中的中间调下拉一点，以恢复中间调和高光的颜色。

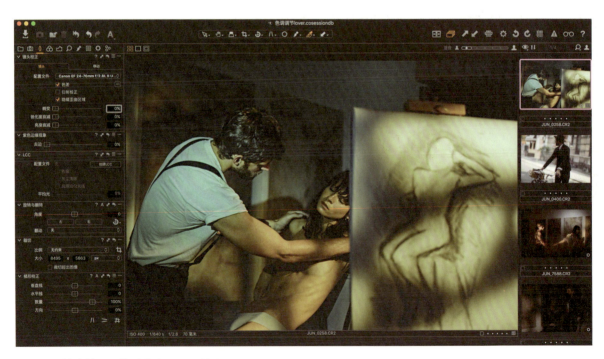

17 镜头校正，将畸变由100%降至0。

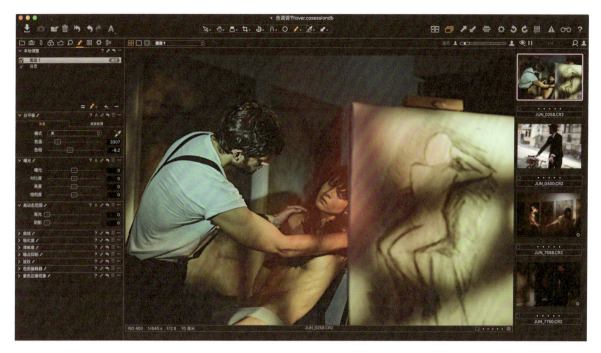

18 通过观察可以发现，女模特的脸不够突出。打开本地调整，新建图层1，用画笔涂画女模特的脸部和周围，做出选区，准备进行局部调整。

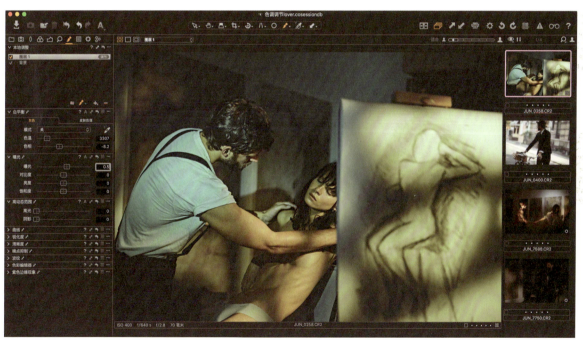

19 将曝光+0.5，让女模特的脸部更亮。

393

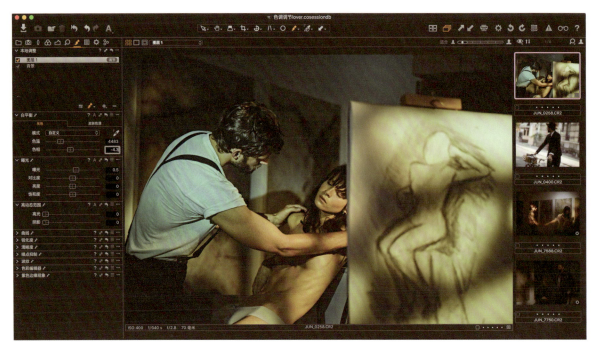

20 将色温调至4483，加黄；将色调调至-4.3，加洋红，让白平衡整体更红、更暖。此时，女模特的脸更亮，肤色也更加饱和、更加突出。

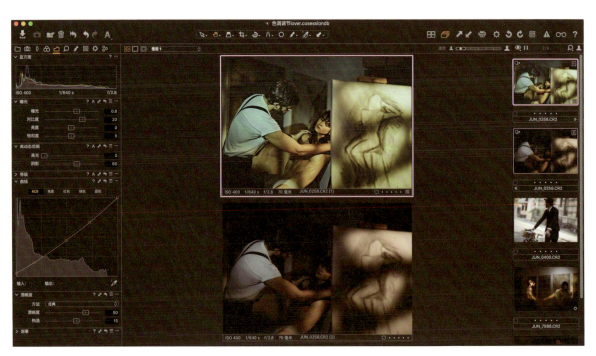

21 对比效果：调整后的画面更透亮，细节变得更加丰富，冷暖对比更加突出，色调氛围更加浓郁，整张片子具有明显的色彩倾向，更有电影画面感。

22 同组照片的其他原片效果。

23 将数据同步到同组的另外几张照片上。除了微调之外，我还多次运用到局部调整，例如第三张照片，我将女模特的脸、肩膀、胳膊及胳膊后面的背景区域做了适当提亮，以强化突出。第四张照片，我将模特的脸及胸前受到光照的效果强化了。这样才能保证最终四张照片放在一起，色调是统一的效果。

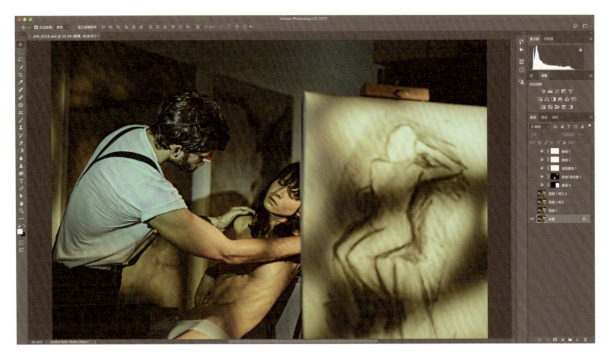

24 打开图像，进入Photoshop。

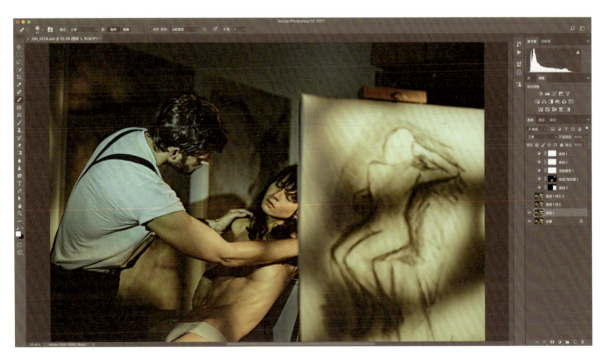

25 带有电影叙事风格的照片，模特的皮肤一定不能修得太多，要以自然、真实为主。简单地修去脏点，修掉衣服上一些比较大的褶皱和头发、胡子里杂乱的白点即可。另外，要将男模特胳膊的饱和度降低一些。注意，女模特脸上不均匀的地方和皮肤的斑点、细纹，我都没有修饰，这些都是值得保留的细节。

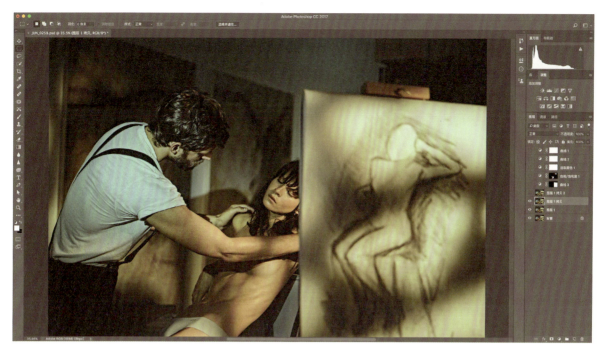

26 简单地进行液化，还是要以自然、真实为主。

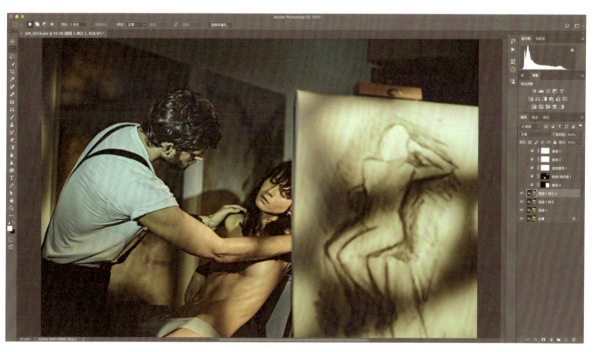

27 进行锐化，以增加细节的清晰度。

28 添加一个可选颜色图层，强化画面的冷暖关系。

1 黑色：青色+1%，洋红-2%，给阴影加青绿色，即加冷色。

2 中性色：洋红+1%，黄色+2%，加橙色，即加暖色。

3 红色：青色+10%，适当让红色沉下去一点。

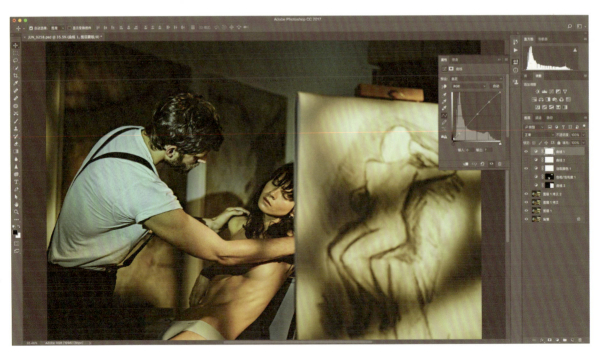

29 添加一个S形曲线，增加画面的对比度。将黑点垂直上提至7，画面中就没有死黑的部分了。

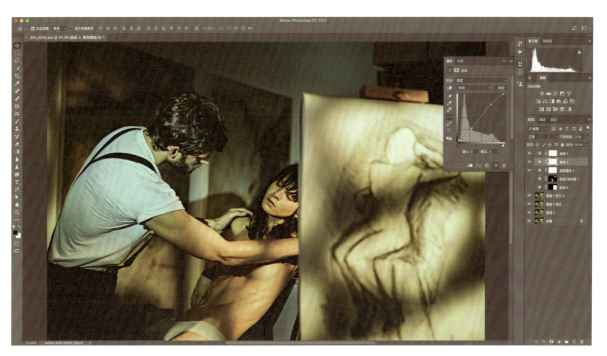

30 新建一个S形曲线,增加画面的对比度,将图层的不透明度降至25%。

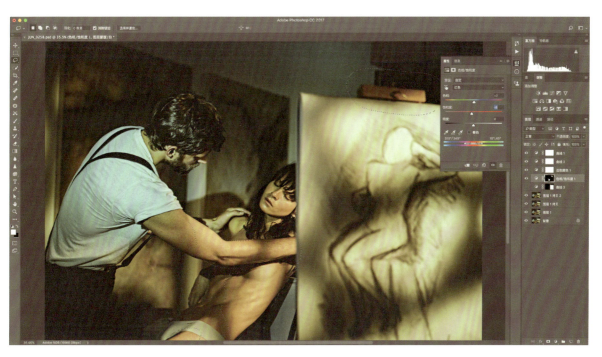

31 选中男模特的胳膊和画板支架等红色饱和度过高的区域,并进行适当羽化。通过色相/饱和度工具,将红色的色相+2,饱和度-6,使其与整体画面的色调更加谐调。

32 选中画板区域,在红色通道曲线中,将白点垂直下拉至249,加青色,中间调下拉,加青色,让画板的颜色与整体画面更加谐调。

最终效果:整体画面的色相分布在180°以内,青色、绿色、黄色、橙色的色相分布均匀连续。既有冷暖色对比反差,又谐调统一,是本组照片用色的最大特点。

1 打开同组的另一张照片，进入Photoshop。

2 将上一张照片的调色步骤和数据同步到这一张照片中。选中男模特，降低其肤色的饱和度。

3 选中男模特的耳朵和鼻子，降低饱和度，使其与肤色更统一谐调。

4 将整体画面的饱和度-5，避免太过艳丽。

最终效果：调整之后的画面，细节更加丰富，色调更加浓郁，充满电影质感，给人的视觉感受更加强烈，与摄影师想要表达的情绪相契合。需要注意的是，电影叙事风格的照片，通常要保留大量的细节，以增加真实感。修图过程中，更注重光影和氛围的渲染，这一点尤为重要。

8.7 室外男装彩色照片转为黑白效果案例

这是一张在室外拍摄的男装照片,寒冷的天气带点阳光。最终我们需要将其转成黑白效果,所以现阶段最主要的是分析画面的黑白灰影调关系。通过观察可以发现,天空是浅色的,有少量云朵,服装为深色的,还有大面积的杂草为中间调。

原片 摄影/杨毅

1 在Camera Raw中,将画面的对比度+51,以拉开层次,让画面看上去不会显得太灰。

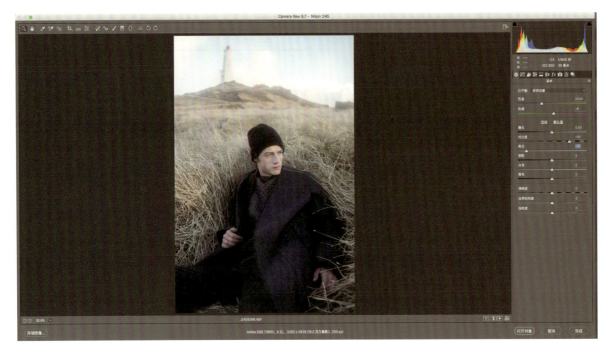

2 利用高光工具将高光-75,以恢复天空的层次,使画面中的云朵更加清晰。

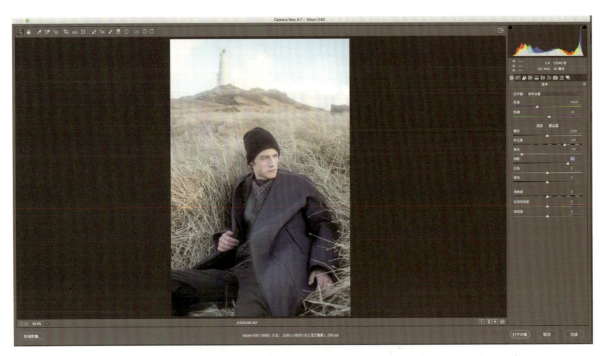

3 利用阴影工具将阴影+60,以增加服装暗部的细节。但不能调得太过,画面中没有黑色会显得太飘。

4 结合白色工具将白色-100，以恢复天空亮调的层次。通过对比可以看到，调整以后，天空的颜色沉了下来。

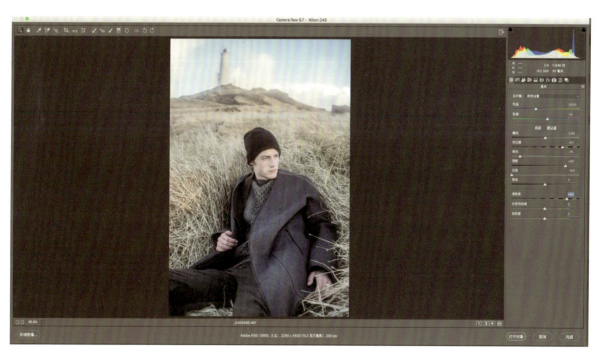

5 将清晰度+65。这是一个较大的数值，一是因为原片中有水雾的感觉，画面比较灰、比较柔。二是因为，如果转为黑白照片的话，画面的对比度和质感需要更强烈，模特硬朗一些才更好看。

6 锐化数量+51，让细节更加清晰。

7 在进行调色步骤之前，我没有改变画面的色温，因为要转为黑白照片，提前改变色温会看不出效果。在HSL/灰度界面，勾选"转换为灰度"，软件会自动调节各个颜色的数值，给出一个黑白的画面效果。

8 单独进行肤色提亮,将橙色从-20增加至2,让肤色更透亮、更突出。

9 压暗天空中的蓝色,将蓝色从12降至-25,使蓝天中的云朵更加明显。

10 现在可以改变色温了，不同的色温会呈现出不同的影调效果。这里我将色温变蓝，让整体画面更加厚重。

11 利用曲线工具，自定义曲线，将黑点垂直上提到13，让画面中没有死黑。将阴影下压，让画面变得更加厚重。高光基本不变。

12 启用镜头校正,适当校正广角镜头导致的变形。

13 打开图像,进入Photoshop。

14 再导一张清晰度为0的照片,放在背景图层之上。这是因为第一次导图时,+65的高清晰度,虽然让人物显得更加硬朗了,但是也让背景中的草丛显得更加杂乱和突兀。而清晰度为0的画面中,草丛比较柔和,没那么扎眼。所以将两次导的图结合起来,以达到让人物突出,背景看起来又比较舒服、自然的效果。

15 添加蒙版,把人物和天空擦出来,只保留草的区域。注意选区的衔接要自然。

16 添加一个曲线图层,压暗背景处的草丛,让草丛的层次沉下去。注意,在默认灰度模式下,曲线是相反的,左下角是白色,右上角是黑色,所以这是一个压暗曲线。黑白照片不受颜色的影响,所以重点在于修整亮度,比如减弱背景里突兀的白点或白色块。而彩色照片除了要考虑亮度之外,还要减弱背景里局部的高饱和度色块。

17 修掉挡在模特肩膀上的一根草,只保留模特嘴里的那根。另外,我还液化了一下模特的脖子,使之变细一点。

18 新建一个空白图层，选择"叠加模式"，利用画笔画黑白来修饰模特五官的光影关系。

19 添加一个曲线图层，将暗调压暗，亮调轻微提亮，加大画面的对比度。另外，将黑点由100降至98，让画面中不再有死黑，阴影中有更多的层次和细节。

最终效果：经过调整，整张片子的质感增强了，画面的氛围感更浓，人物更加突出，服装的材质看起来也更舒服了。我们要根据情况判断照片是黑白的好，还是彩色的好。如果要转成黑白，那么可以在转成黑白之后再进行色温、影调的调整，这样会更加直观。

8.8 复古风格男装彩色照片转为黑白效果案例

除了在Camera Raw中直接将照片转为黑白之外，我们最经常做的是在Photoshop里将照片转为黑白。这样，到最后我们就可以有彩色和黑白两个版本了。下面我就来讲解一下怎样在Photoshop里利用通道混合器将照片转为黑白效果。

以这张照片为例。这是一张已经修好的彩色照片，现在我们就用另外一种方法将它转为黑白照片。

原片 摄影/刘俊

1 新建一个通道混合器工具,选择单色。此时,它就变成了一张黑白照片。在RGB模式下,每一个通道的发光量都是不同的,即亮度是不同的。默认状态下,当前的黑白组合成分是:红色通道40%,绿色通道40%,蓝色通道20%。

2 肤色的橙色主要是靠大部分红色和小部分绿色组合而成的,所以在红色通道里,脸部是最亮的,其次是绿色,最后是蓝色。将红色的发光量增加至72%,绿色减至28%,蓝色减至0,最后总计输出依然是100%,保持不变。这样,可以让画面更透亮,层次更丰富。

3 添加一个曲线图层,设置一个S形曲线,少量提亮高光,少量压暗阴影,最后将黑点从0垂直上提至7,让画面中没有死黑,带点灰度。这样,黑白的效果就制作完成了。

4 我们会发现有一些照片，看似黑白，实际上却不完全是黑白，会有一种泛黄的老照片感觉，这种效果可以利用色彩平衡工具来实现。高光：红色+10，蓝色-15，在画面的亮调部分增加一层暖色即可。

5 如果想让这张照片更风格化，可以继续利用色彩平衡工具。中间调：红色-1；阴影：红色-1，蓝色+1，为阴影增加一层冷色，让画面呈现高光偏橙黄、阴影偏青蓝的冷暖对比效果。

最终效果：经过调整的黑白照片，风格化更强，具有独特的风格倾向。

8.9 室外女装彩色照片转为黑白效果案例

这是一张在海边拍摄的女装照片。身着白色衣服的金发女模特站在海边的礁石旁。背景处的天空和海水都很亮，接近于白色，画面的最暗处则是近处的礁石。

原片 摄影/KO

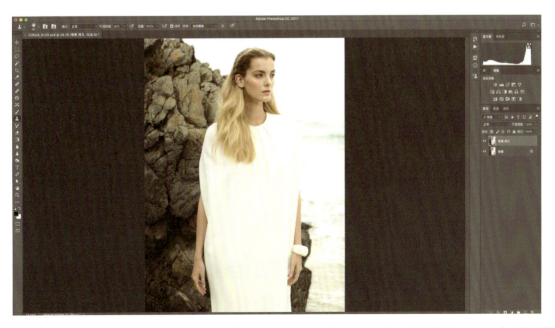

1 首先复制一个背景图层，修饰人物的皮肤和衣服，修掉一些杂乱的头发，修掉背景处石头上杂乱的高光，液化裙尾的线条，让人物的整体线条显得更加流畅。

2 添加一个黑白图层，将画面转变为黑白。在默认值的基础上，将黄色由60调至48，让肤色、头发和石头变得更厚重。压暗绿色、青色和蓝色，让海水沉下来一点，细节会更丰富。

3 新建一个曲线图层，设置一个S形曲线，提升亮调，下压暗调，增加画面的对比度，让画面更显硬朗。将黑点上提至10，让画面中不再有死黑，阴影的层次也会更加丰富。

4

1 利用色彩范围工具选出画面中的高光区域，并适当羽化。

2 新建一个曲线图层，压暗高光和阴影，恢复白色衣服、大海和天空的层次细节。

3 利用画笔工具修饰蒙版，让选区更准确，衔接更自然，并用白色画笔适当压暗模特的左脸，让左脸区域的层次更显厚重。

5 添加一个亮度/对比度图层，将亮度-10，适当压暗整体画面，让画面沉下去一点。

6 利用快速选择工具选出天空的区域，添加一个曲线图层进行压暗，恢复一点天空的层次，避免大面积的纯白色让整个天空看起来过于单调。

7

1 新建一个空白图层，将图层的混合模式选择为"叠加"模式。

2 用白色画笔适当提亮模特的上眼窝，以增加眼部的立体感。

3 适当提亮瞳孔四周的虹膜区域，以增加细节和神韵。

4 适当提亮耳朵上方头发的暗部区域，以增加细节。

5 适当压暗脖子的外侧区域，以增加立体感。

6 适当提亮胸部的上轮廓，并压暗胸部下方的阴影，以塑造胸部的立体结构。

7 适当压暗裙子的阴影区域，让裙子的结构更加立体，不再是大面积的白色。

8 适当压暗背景处石头上的亮部区域，让石头不再那么突兀。

通过叠加图层的提亮和压暗，塑造光影结构，增加画面的立体感和层次，产生一种光影流动的感觉，让画面更生动、更好看。

8 盖印下方的人物图层,将视图放大到100%,观察细节。

9 打开Camera Raw滤镜,选择效果栏,添加颗粒,数量+20,大小30,粗糙度50,为画面细节增加一层颗粒,以增强质感。

10 添加颗粒后的效果。

11 复制一个新的图层，选择USM锐化，数量100%，半径1.5像素，让细节更加清晰。

12 为图层添加蒙版，反相到黑色，用白色画笔画出脸部区域，达到只锐化脸部的效果。

13 利用色彩范围工具选出脸部的高光区域，只选出一点即可。

14 利用套索工具，减选其他区域，只保留脸部的高光，然后对选区进行羽化，10像素。

15 添加一个曲线图层，适当提亮模特脸部的高光，让高光更突出，以增加脸部的立体感。

最终效果:黑白照片最重要的就是影调关系。学习如何调整画面的影调,要从观察画面的黑白灰关系开始。这张照片经过后期处理,变得更加清晰,质感更强,层次细节更加丰富,影调更厚重,给人的感觉也更舒服。

总结

怎么控制画面，给人的感觉更舒服？

第一步：控制画面的曝光和灰度

1.曝光要准确，对比度和反差要合适。黑不能是死黑一片，白也不能是死白一片，黑、白都要有丰富的细节、层次变化。

2.画面中有白色，会显得透亮、有呼吸感；画面中有黑色，能压得住画面，不会显得太浮、太飘；中间调的层次越多，过渡越细腻，影调越丰富，画面显得越厚重。

3.通常情况下，人物要突出，男性要表现得硬朗，女性要表现得亮丽。男性的清晰度、对比度应略高一些，这样才更能凸显男人的硬朗和质感；女性的清晰度和对比度应略小一些，这样更能凸显女人的柔美和细腻。

4.背景的调子要统一、谐调，背景要灰、润、柔、细腻，对比度和反差不要太强，不要显得太杂乱，不要有太抢眼、太突兀的地方，相对于主体人物应处于次要地位。

第二步：控制画面的色彩平衡

1.白平衡是调色的基础，所以色温、色调还原要尽量准确。很多商业片要求产品的色彩还原准确，画面的白平衡就必须要准确。而一些风格化的片子，色温可以做适当改变，呈现不一样的氛围。

2.通常情况下，在调色过程中，高光和阴影区域调整得会多一些，可以产生色彩的偏移，而中间调影响的范围比较大，所以要谨慎，不能有太大的偏色。

3.色彩的明度尽量控制在灰度中，色彩的饱和度尽量控制在中等值，这样整体画面影调会比较丰富、厚重、浓郁，给人的感觉更舒服。应尽量避免饱和度和亮度都很高的色块，那样会显得过分突兀、不谐调。

4.适当控制画面中局部高饱和的色彩，例如发际线、脖子、手、耳朵等区域。肤色中的橙色，饱和度容易过高，会显得画面不够干净。

5.背景的色彩倾向要统一、舒服、和谐，饱和度要适中，不要太突兀、抢眼。

6.通常情况下，皮肤应偏暖色，色相在橙黄的范畴内；阴影偏冷色，色相在青、蓝、紫区域。这样可以产生冷暖对比关系，让画面更生动。但需要注意的是，除了对比关系之外，还要有统一关系。只有这样，才能让画面更舒服、更平衡、更高级。

7.在调色过程中，应尽量避免大面积的调色痕迹，调整时一定要掌握好度。

后记

本书断断续续写了将近一年，一张一张截图，一段一段配文字，想说的话太多太多。我想把我常用的方法和技巧都分享给大家，但实际修图过程中遇到的问题总是千变万化，实在不能面面俱到。所以在编写本书的过程中，我对内容适当做了取舍和删减，把重心放在了调色方面，内容有限但诚意十足，希望大家仔细阅读，如有疑惑和建议，可以与我联系和探讨。

在实际操作的过程中，希望大家能结合本书的技巧和理念，多去实践和总结。我常和我的学生们说，摄影后期学习的方法主要有以下两个步骤。

第一，不停地探索和吸收。我会经常去尝试新的工具、新的方法，尝试别人不会去做的。哪怕有一点空闲的时间也会去摸索、去吸收一些其他领域的相关知识，所以我时常会有新的发现和感悟："哦，原来是这样""啊，原来还可以这样做"。这是一种获得新知识的愉悦和满足感，学无止境。所以从业多年，如今的我依然在保持进步。

第二，经常总结。我刚刚从事摄影后期工作的时候，时常为刚学到的新知识感到喜悦。但是，只探索还不够，必须要善于总结。学习新知识时，不要完全复制，而是要结合知识本身的特点，融会和取舍，总结出一套适合自己的方法。无论是好的经验还是失败的经历，都要记在脑海里，下次再遇到类似的问题时，就会胸有成竹，知道应该尽量避免什么问题，应该怎样做可以更好。这些经验就是审美，是别人无法复制的财富。你的经验越多，你就越有价值。

本书旨在以后期理论为指导，配以相关的操作技法，来引导广大摄影后期爱好者练就自己的一身本领。初学者可以视其为技法秘籍，进阶者可以奉为理念导引——这也正是本书区别于其他后期工具书的最大特色。在我看来，摄影后期是技术与艺术的结合。它不单单是对工具的应用，更重要的是对风格的把握与塑造。就好比是一个乐队的指挥，你要明确整个曲子的调性，还需要有的放矢地通过具体的手段去实现。仅学会了"如何修"，你只是一个匠人；了然"为何这样修"，你才有可能成为大师。

本书为何先教"如何修"呢？这是因为学习后期修图的过程，正好是反过来的。你要先学会基础的本领，基本功扎实之后，再去提升自己对色彩的控制和对风格的把握。

所谓"外行看热闹，内行看门道"，不懂后期修图的人看到一张好看的照片，也许也会说"好好看""好高级""质感真好"。而我们却要真真切切地去分析这些视觉感受的背后道理：这张照片为什么好看？好看在哪？什么元素构建了它，使它好看？它具有什么样的光线？什么样的氛围？什么样的灰度反差？什么样的色调？什么样的色彩搭配？什么样的服装？什么样的妆容？什么样的背景环境？什么样的模特状态？等等。结合色彩的理论知识，把感性的认知转换为理性的分析，这是一个由浅入深的探究过程。在学习后期修图的过程中，我们需要养成"理性分析"照片的习惯。

当看到一张好看的照片，想要进行模仿时，我们要先观察照片整体的冷暖，偏向什么颜色；其次观察照片阴影的冷暖，偏向什么颜色；再观察照片高光的冷暖，偏向什么颜色；然后观察人物的肤色是什么颜色；最后观察整体画面的黑白灰影调关系。

完成这个过程时，你也可以把参考图拉进Photoshop里，比如用吸管工具吸取暗部的色彩，来判断参考图的阴影加了什么颜色，再配合软件的技术手段，尽可能地还原出它的"素颜"，这样就能倒推出"修饰"的过程了。我称这种方法为"参考图还原法"。

当然，这不是一件简单的事，它需要建立在大量后期修图练习的基础上。当你熟练掌握了修图技法以后，你才能敏锐地洞察出别人在原图上动了哪些手脚。因此，在你学会了本书所讲的内容后，还应在平日里一张张地去分析、去实践。你积累到的将不再是具体的步骤，而是一种修图的理念——忘记招式，内化于心，方能以柳为剑，以风为刀，游刃有余，所向披靡。

图书在版编目（CIP）数据

修图师的自我修养：商业人像摄影后期高级处理技法 / 汪祎，之南著. -- 北京：人民邮电出版社，2018.10（2019.2重印）
ISBN 978-7-115-49003-2

Ⅰ．①修… Ⅱ．①汪… ②之… Ⅲ．①图像处理软件 Ⅳ．①TP391.413

中国版本图书馆CIP数据核字(2018)第174991号

内 容 提 要

商业人像摄影是一门追求极致完美的视觉艺术，后期处理高级技法于商业摄影而言，其重要性不言而喻，然而这种技法却始终掌握在少数专业人士手中，是许多一线摄影师和修图师不愿透露的秘密。

本书正是将一线商业人像修图师多年来的从业及教学经验进行了梳理总结，为读者呈现了杂志及广告大片从原片到成片所涉及的理论知识及方法技巧，全方位解密了商业人像后期不能说的秘密。

本书以极具代表性的案例为主导，以专业的商业人像修图师的实际操作流程为顺序，分别讲解了商业大片中对人物皮肤质感、妆容及服装的修饰技巧；五官及形体比例和结构的调整技巧；对画面背景的处理，例如如何处理白色背景、如何处理背景中的颜色断层或渐变不均、如何抠图等常见问题；调色等高级技法是建立在对色彩的基本理论熟知的基础上而进行的，因此作者用了一章的篇幅详细阐述了与商业人像后期相关的色彩理论；以具体案例阐明了分别利用Camera Raw和Capture One进行导图的流程和技巧；在介绍了Photoshop调色工具的应用后，以9个典型案例原原本本地还原了人像调色的全过程。而人物场景合成以及环境气氛的渲染等进阶内容，则作为本书赠品，以数字文件的形式免费供读者下载、阅读。

本书侧重于技法的应用和对细节的把握，从理论、流程到技巧循序渐进，步骤清晰，案例经典，适合有简单Photoshop基础的商业人像摄影后期爱好者、商业摄影专业的学生及摄影机构的后期处理工作人员参考阅读。

◆ 著　　　汪 祎 之 南
　　责任编辑　杨 婧
　　责任印制　周昇亮

◆ 人民邮电出版社出版发行　北京市丰台区成寿寺路11号
　　邮编 100164　电子邮件 315@ptpress.com.cn
　　网址 http://www.ptpress.com.cn
　　北京东方宝隆印刷有限公司印刷

◆ 开本：787×1092　1/16
　　印张：26.75　　　　　　2018年10月第1版
　　字数：952千字　　　　　2019年2月北京第6次印刷

定价：168.00元

读者服务热线：(010)81055296　印装质量热线：(010)81055316
反盗版热线：(010)81055315
广告经营许可证：京东工商广登字 20170147 号